中国雷电监测报告

(2014)

中国气象局　编

内容简介

本书对2014年国家雷电监测网监测到的地闪的位置和密度进行了时空分析统计。首先，介绍了2014年全国各月雷电活动情况，统计分析了2014年全年雷电(回击)密度、雷暴日、雷电小时数、雷电极性、雷电频数、平均强度和雷电发生规律等各项雷电气候参数。其次，详细分析了全国各省(区、市)的雷电活动特征。最后，总结了2014年中国气象局针对其他部门和行业开展的雷电监测公共服务和专项服务工作。

本书是一部2014年雷电活动的资料和工具书，可供气象领域的科学研究、教学人员使用，也可供电力、农业、航空航天、交通、地理等部门进行防灾减灾决策等参考。

图书在版编目(CIP)数据

中国雷电监测报告.2014/中国气象局编.—北京：气象出版社，2015.9

ISBN 978-7-5029-6281-4

Ⅰ.①中… Ⅱ.①中… Ⅲ.①雷-监测-研究报告-中国-2014 ②闪电-监测-研究报告-中国-2014 Ⅳ.①P427.32

中国版本图书馆CIP数据核字(2015)第253772号

Zhongguo Leidian Jiance Baogao

中国雷电监测报告(2014)

中国气象局编

出版发行：气象出版社

地　　址：北京市海淀区中关村南大街46号　　**邮政编码**：100081

总 编 室：010-68407112　　**发 行 部**：010-68409198

网　　址：http://www.qxcbs.com　　**E-mail**：qxcbs@cma.gov.cn

责任编辑：陈　红　　**终　　审**：徐雨晴

封面设计：博雅思企划　　**责任技编**：赵相宁

印　　刷：北京地大天成印务有限公司

开　　本：787mm×1092mm　1/16　　**印　　张**：7.25

版　　次：2015年11月第1版　　**字　　数**：180千字

印　　次：2015年11月第1次印刷

定　　价：50.00元

中国雷电监测报告(2014)
编写领导小组

组　长：李良序

组　员：李　柏　吴可军　曹晓钟　曹云昌

编写人员

主　编：雷　勇　王柏林　杜建苹

副主编：庞文静　梁　丽　许崇海

编　委：陈冬冬　施丽娟　李翠娜　刘达新　李肖霞
张　鑫　郭　伟　杜　波　张利利　秦世广
徐鸣一　张晓宇　包　坤　张光磊

前　言

雷电(闪电)是自然大气中超长距离的强放电过程,能产生强烈的发光和发声现象,通常伴随着强对流天气过程发生。雷电因其强大的电流、炙热的高温、猛烈的冲击波以及强烈的电磁辐射等物理效应而能够在瞬间产生巨大的破坏作用,常常导致人员伤亡,击毁建筑物、供配电系统,引起森林火灾,造成计算机信息系统中断及炼油厂、油田等燃烧甚至爆炸,危害人民财产和人身安全,也会严重威胁航空航天等运载工具的安全。雷电灾害是“联合国国际减灾十年”公布的影响人类活动的严重灾害之一,被国际电工委员会(IEC)称为“电子时代的一大公害”。我国的雷电灾害具有发生频次多、范围广、危害严重、社会影响大的特点,严重威胁着我国的社会公共安全和人民生命财产安全。

截至2014年12月,中国气象局国家雷电监测网考核站点共拥有监测站344个,《中国雷电监测报告(2014)》对2014年国家雷电监测网监测到的中国陆地区域地闪特征进行了时空统计分析。全书共分五部分,第一部分总结了2014年1—12月份各月雷电活动极性、雷电活动地域特征和时间特征,并对全年雷电活动的时空特征作了总结。第二部分统计了2014年全年雷电(回击)密度、雷暴日、雷暴小时数、雷电极性、雷电频数、平均强度和发生规律等各项雷电气候参数,揭示了2014年雷电活动的强度、极性以及频繁程度等特征。第三部分分析了31个省(区、市)的雷电活动时空特征。第四、五部分主要介绍了针对其他部门和行业开展的雷电监测公共服务和专项服务工作情况。

本书在编撰过程中得到各个方面的大力支持和热情鼓励,特别感谢中国气象局气象探测中心的领导、专家和同仁们对本书提出的宝贵意见和给予的有益指导!

此外,由于编写时间仓促,书中不妥或不足之处,敬请广大读者批评指正。

编者

2015年4月20日

目　录

第四部分　2014年全国雷电监测信息行业服务

第五部分　2014年全国雷电信息专项服务

附录:国家雷电监测网运行情况统计

第一部分
2014年全国雷电活动概况

一、2014年1月雷电活动情况

2014年1月全国雷电活动分布见图1.1。1月全国雷电活动较少，主要集中在云南地区，总闪数为580次，其中正闪345次，正闪占总闪的比例为59.5%。

图1.2为2014年1月雷电频数逐日分布图，雷电活动在月中比较活跃，高发期为12日。其中12日闪电数最多，达490次。

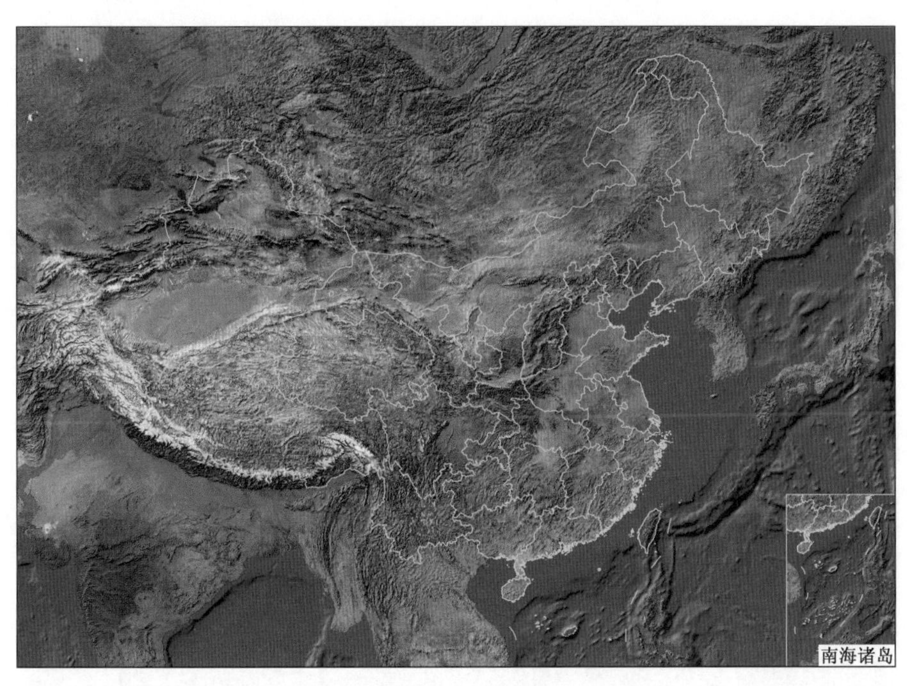

图1.1　2014年1月雷电活动分布图
（红色表示正闪、橙色表示负闪）

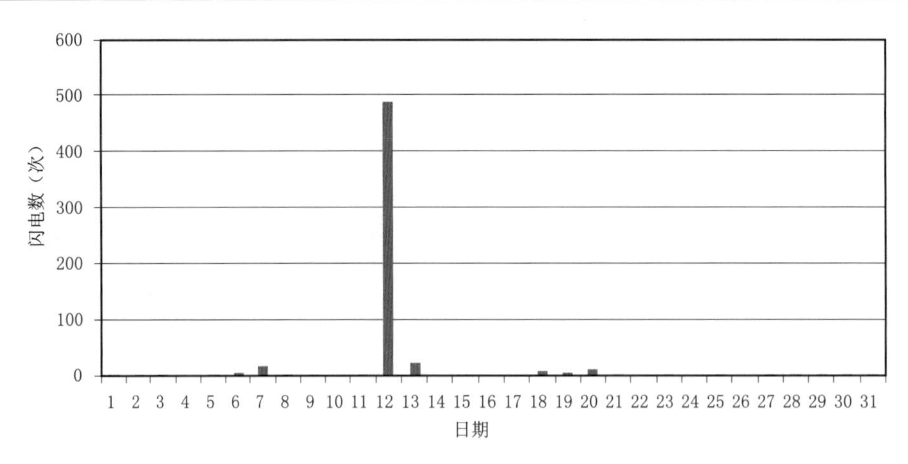

图 1.2　2014 年 1 月雷电频数逐日分布图

二、2014 年 2 月雷电活动情况

2014 年 2 月全国雷电活动分布见图 1.3。2 月雷电活动较少，云南东北部、江西北部、湖北—湖南两省交界处、河南南部、浙江西南部大部分以及福建南部部分地区有闪电活动。全国共监测到雷电活动 1 257 次，其中正闪 897 次，负闪 360 次，正闪占总闪比例为 71.4%。

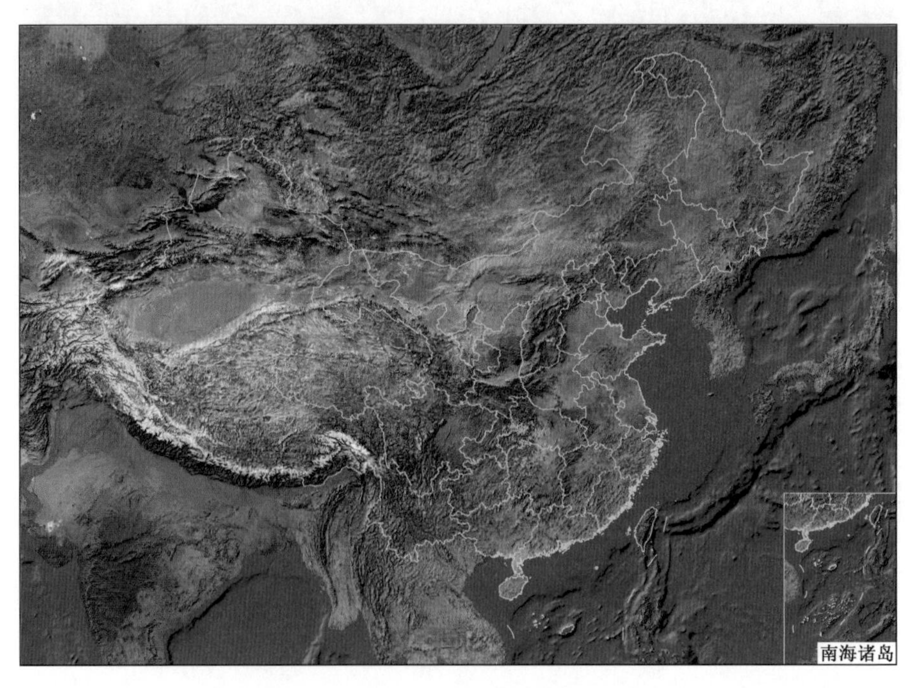

图 1.3　2014 年 2 月雷电活动分布图
（红色表示正闪、橙色表示负闪）

2014年2月雷电频数逐日分布如图1.4所示，雷电活动在2月上旬较为活跃，时间主要集中在6—9日和17—19日，其中6日的雷电数达到565次，而7日的雷电数为208次，是2月份单日雷电数最多的两天。

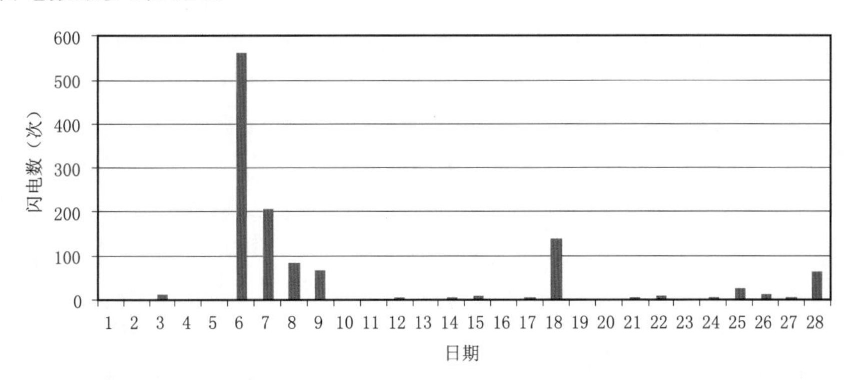

图1.4　2014年2月雷电频数逐日分布图

三、2014年3月雷电活动情况

2014年3月全国共探测到雷电452 007次，雷电活动次数较2月份明显增多，其中正闪413 361次，正闪占总闪比例为91.5%。雷电活动分布如图1.5所示，活动范围主要集中在河南、湖南、湖北、安徽、江西、浙江、上海、重庆、贵州、云南等省（区、市）及四川部分地区，以及珠江三角洲、福建沿海等地区。长江中下游地区闪电密度较高，其中极高密度区域分布在广东、广西、湖南、湖北、安徽和江苏等六个省（区）。雷电密度分布如图1.6所示。

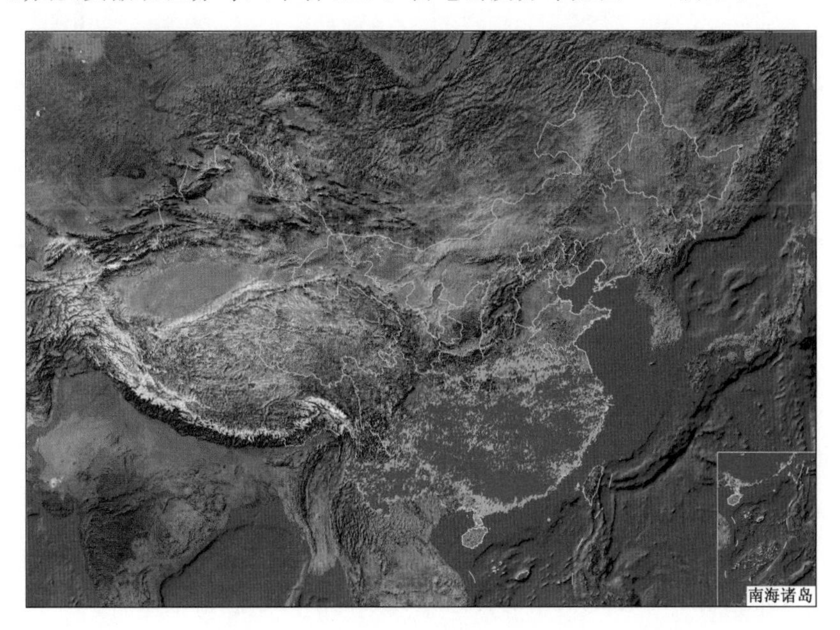

图1.5　2014年3月雷电活动分布图
（红色表示正闪、橙色表示负闪）

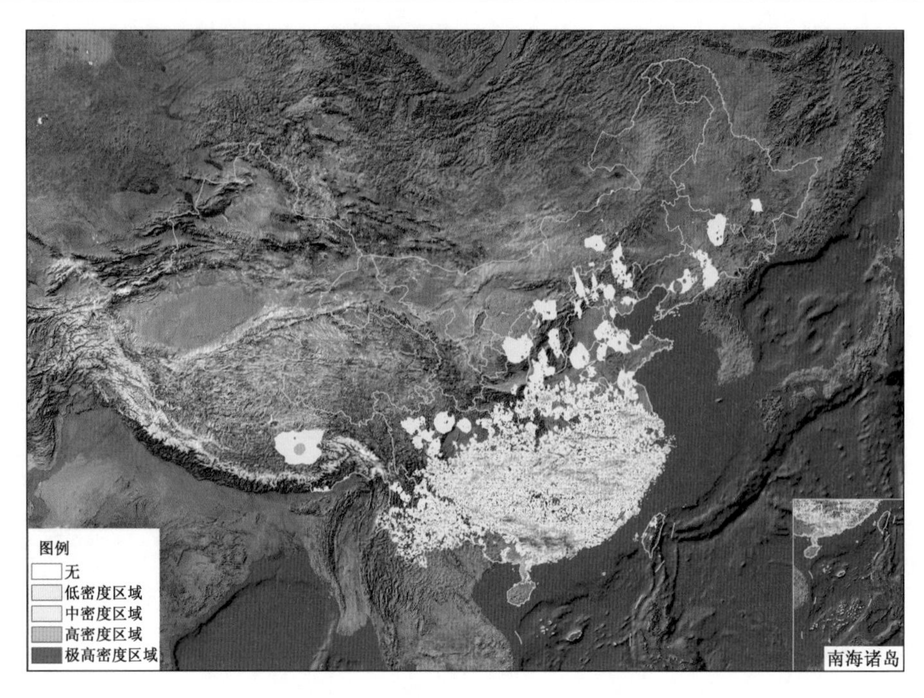

图 1.6　2014 年 3 月雷电密度分布图

2014 年 3 月雷电活动比较多,从月初开始便有雷电活动,主要集中在 11—12 日和 18—31 日,雷电频数逐日分布如图 1.7 所示,其中最多的一天(19 日)雷电数为 100 096 次。

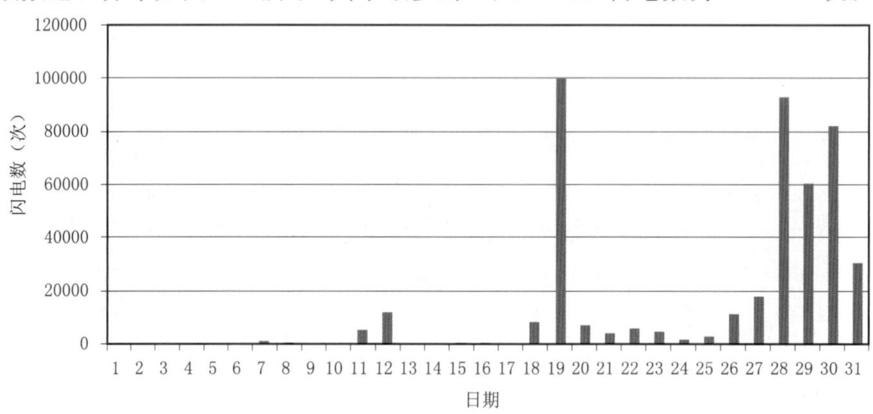

图 1.7　2014 年 3 月雷电频数逐日分布图

四、2014 年 4 月雷电活动情况

2014 年 4 月国家雷电监测网共探测到雷电 287 025 次,其中正闪 249 736 次,负闪 37 289 次。雷电活动分布见图 1.8,雷电活动的特点是分布范围广。总体上来看,华北地区、长江中下游沿岸地区、云贵高原地区以及广东—海南省雷电活动频繁。雷电密度相对较高的地区主要在长江中下游地区、云贵川地区、海南省以及广东省。全国雷电密度分布如图 1.9 所示。

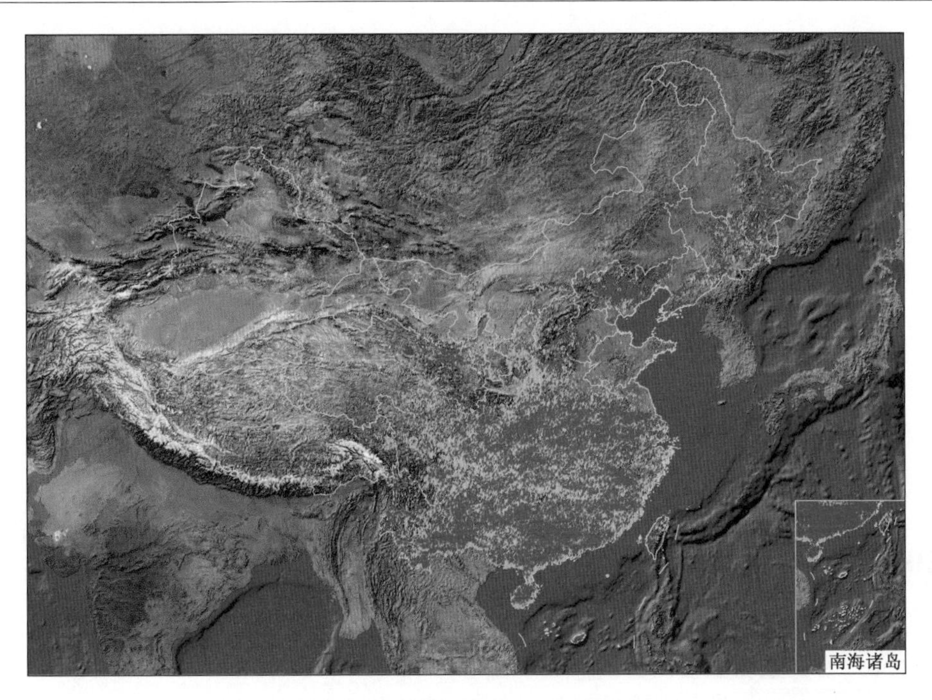

图 1.8　2014年4月雷电活动分布图

（红色表示正闪、橙色表示负闪）

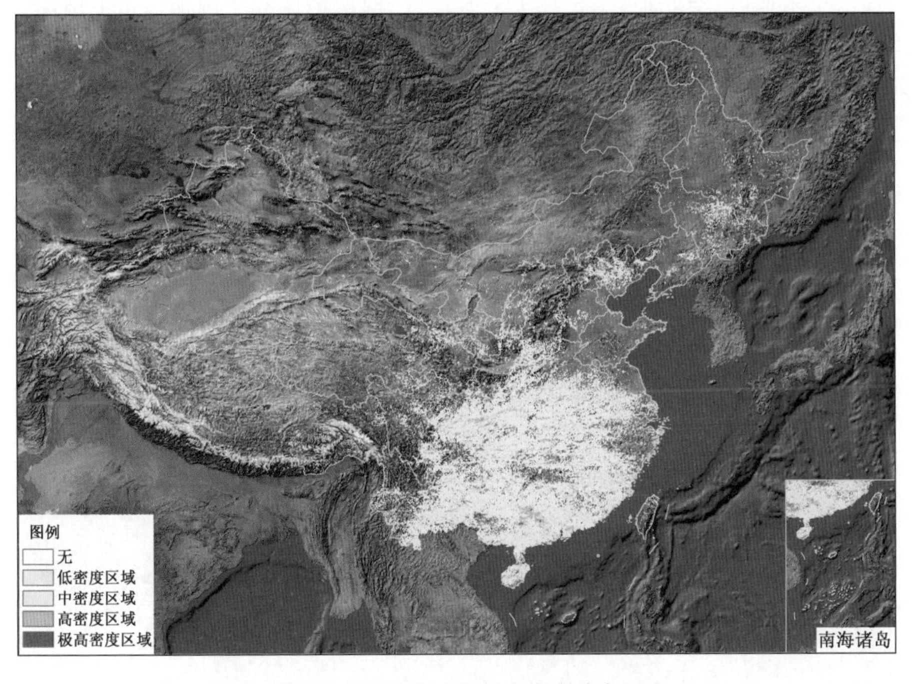

图 1.9　2014年4月雷电密度分布图

图 1.10 为2014年4月雷电频数逐日分布图，雷电活动主要集中在中下旬，其中最多的一天（26日）雷电数达到45 759次。

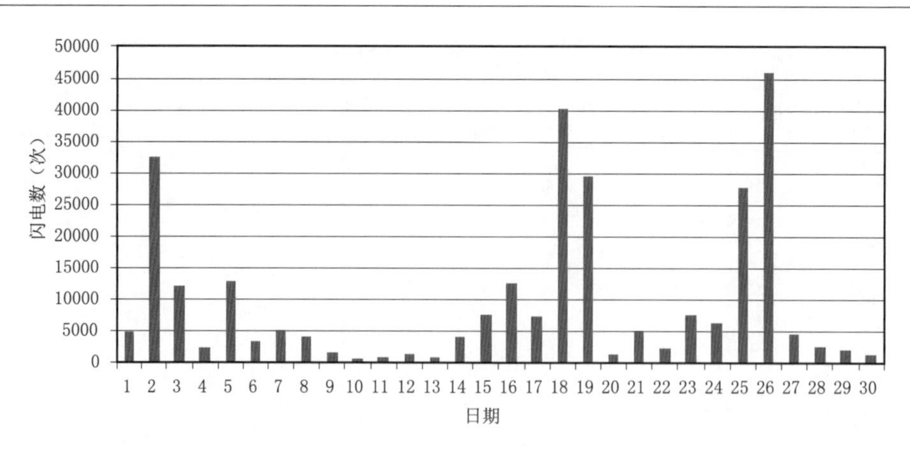

图 1.10　2014 年 4 月雷电频数逐日分布图

五、2014 年 5 月雷电活动情况

2014 年 5 月国家雷电监测网共探测到雷电 733 815 次，其中正闪 687 033 次，负闪 46 782 次。雷电活动与往年同期相比数量有所减少，总数约比 2013 年同期减少了 19.4%。雷电活动分布如图 1.11 所示。5 月份雷电活动范围较大，整个中东部地区都有雷电活动。相对而言，东北地区、华东地区、华北地区、长江中下游地区、西南地区和华南地区雷电活动频繁，而西北地区雷电活动较弱。雷电高密度区域主要集中在广东、广西、云南、贵州、海南等省(区)。雷电密度分布如图 1.12 所示。

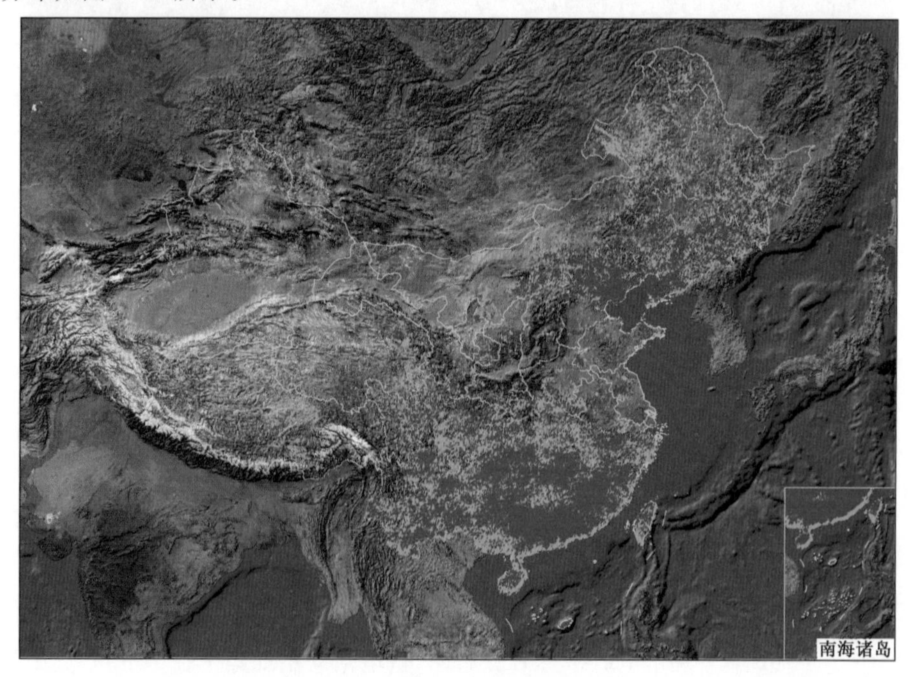

图 1.11　2014 年 5 月雷电活动分布图

(红色表示正闪、橙色表示负闪)

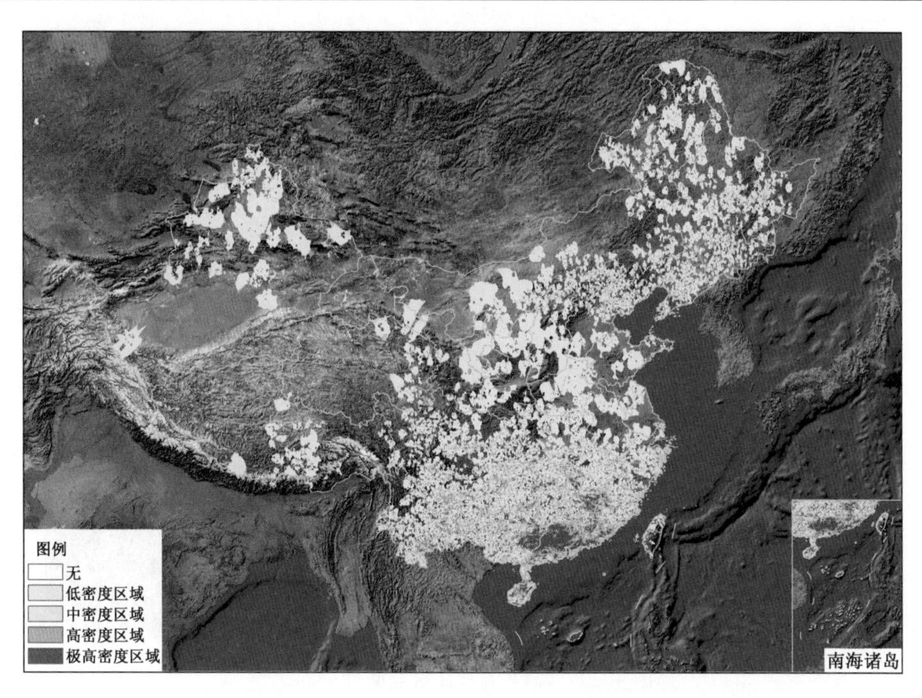

图 1.12　2014 年 5 月雷电密度分布图

2014 年 5 月雷电活动主要集中在中下旬，其中 25 日雷电活动最多，达到 67 031 次，雷电频数逐日分布如图 1.13 所示。

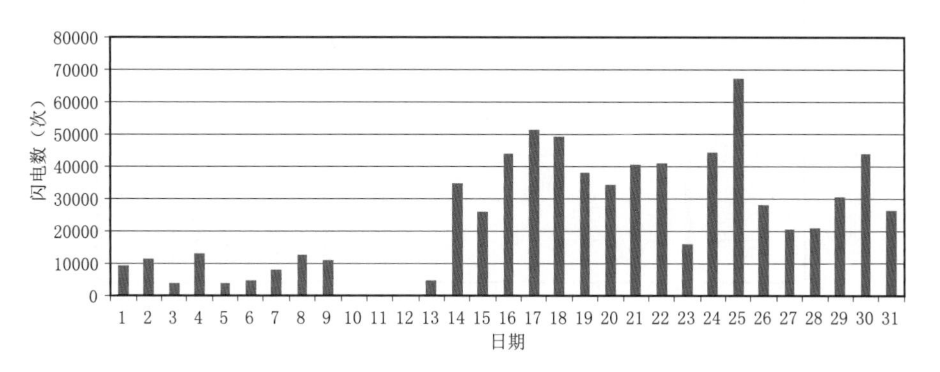

图 1.13　2014 年 5 月雷电频数逐日分布图

六、2014 年 6 月雷电活动情况

2014 年 6 月全国雷电活动频繁，国家雷电监测网共探测到雷电 1 362 287 次，其中正闪 1 273 839次，负闪 88 448 次。比 2013 年同期雷电总数减少了 28.3％。

2014 年 6 月雷电密度分布如图 1.14 所示。从图中可以看出，西南地区东部的云南、贵州、四川及重庆、珠江三角洲、广西、海南、湖南、江西和湖北，华北地区的北京、天津、河北和山西，东北地区的辽宁和黑龙江等部分地区，都处于雷电密度较大的区域。

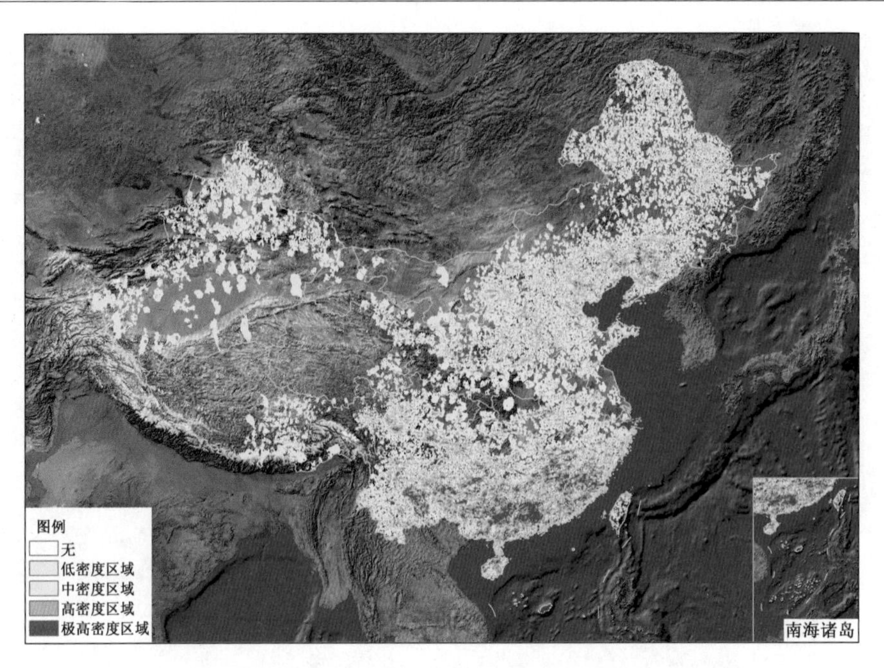

图 1.14　2014 年 6 月雷电密度分布图

2014 年 6 月雷电活动频繁，日雷电数超过 80 000 次的有 3 天，其中 19 日雷电活动最多，达到 117 833 次。雷电频数逐日分布如图 1.15 所示。

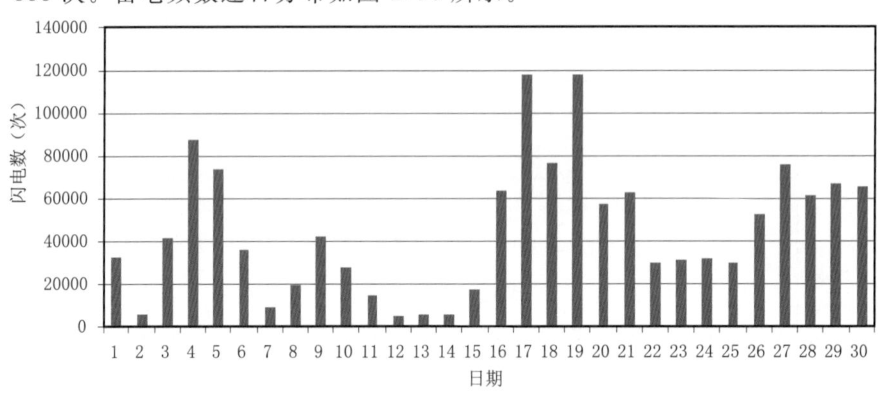

图 1.15　2014 年 6 月雷电频数逐日分布图

七、2014 年 7 月雷电活动情况

2014 年 7 月雷电活动数量相比 6 月明显增多，全国共探测到雷电 2 604 028 次，其中正闪 2 492 923 次，负闪 111 105 次。7 月为全年雷电活动数量最多的月份，雷电数量占全年雷电总数的 29.0%。闪电总数比去年同期增加近 15.1%。

图 1.16 为 2014 年 7 月雷电密度分布图，从图中可看出，雷电极高密度区域主要集中在长江中下游沿岸地区（四川、重庆、湖北、安徽、江苏、浙江），贵州、云南、山西、湖南、江西和河南等地区，华北（京津冀地区）以及东南沿海（福建、广东等）等地区。

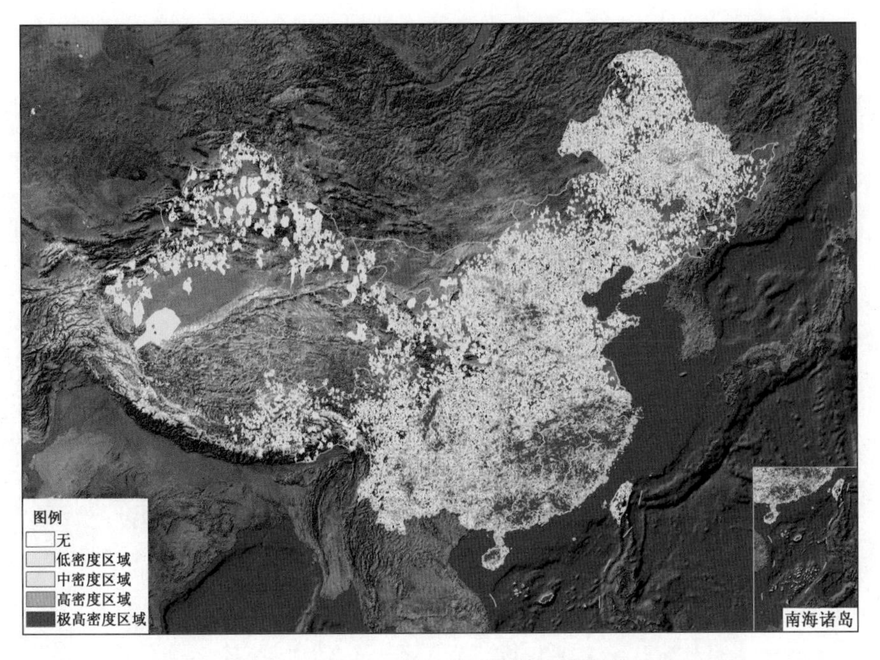

图 1.16 2014 年 7 月雷电密度分布图

2014 年 7 月雷电活动都比较活跃，平均每日雷电数达到 84 000 次，超过 100 000 次的雷电日有 8 天，雷电活动最多的一天（11 日）雷电数达到 153 913 次，11 日也是 2014 年全年中雷电次数最多的一天。7 月雷电活动最少的一天（9 日）数量也达到了 32 001 次，雷电频数逐日分布如图 1.17 所示。

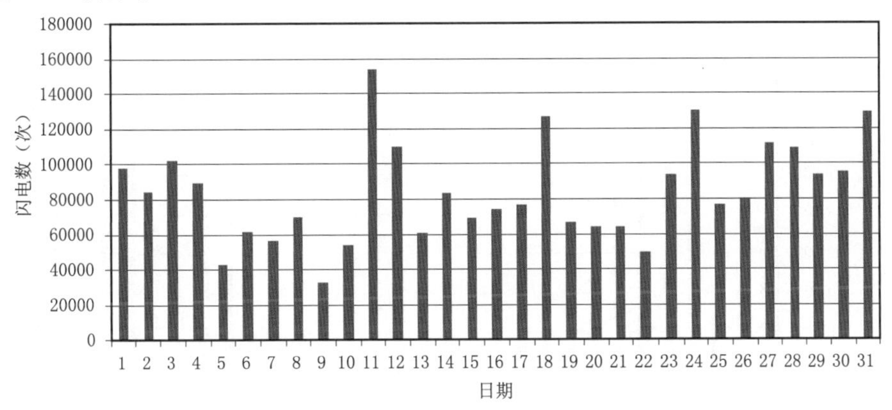

图 1.17 2014 年 7 月雷电频数逐日分布图

八、2014 年 8 月雷电活动情况

2014 年 8 月国家雷电监测网共探测到雷电 2 122 428 次，其中正闪 2 048 043 次，负闪74 385 次。

2014 年 8 月雷电密度分布如图 1.18 所示，雷电活动主要集中在华北地区、东北地区、东南沿海地区、华中地区及四川盆地。雷电极高密度区域主要集中在京津冀地区、辽宁、山西、陕西、福建、安徽、浙江、湖北、广东、江西、云南、重庆、海南及四川与贵州交界等部分地区。

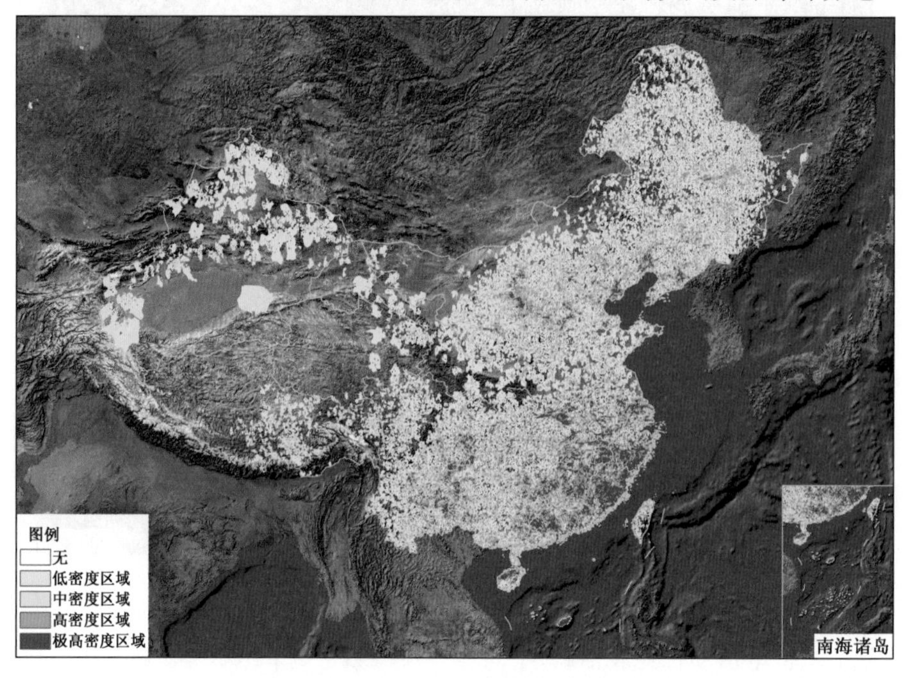

图 1.18　2014 年 8 月雷电密度分布图

2014 年 8 月雷电活动非常活跃,平均每日雷电数达到 68 465 次。超过 100 000 次的雷电日有 5 天,其中最多的一天(31 日)雷电数有 151 433 次。雷电频数逐日分布如图 1.19 所示。

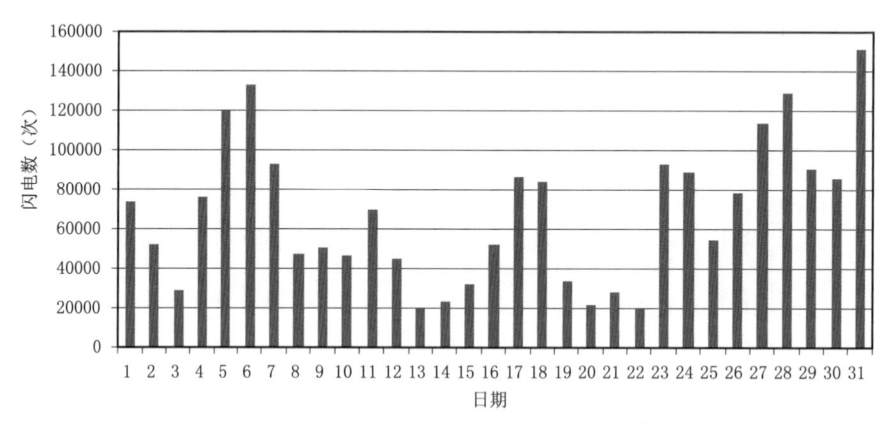

图 1.19　2014 年 8 月雷电频数逐日分布图

九、2014 年 9 月雷电活动情况

2014 年 9 月全国雷电活动比前 3 个月有所减少,国家雷电监测网共探测到雷电 1 163 220 次,其中正闪 1 115 575 次,负闪 47 645 次。雷电总数约为 8 月份的 54.8%。

2014 年 9 月雷电密度分布如图 1.20 所示。9 月雷电活动主要集中在云贵高原、四川盆地、华南地区和东南地区。活动范围较 8 月大幅缩小，雷电密度也明显减小，其中山东、河南、安徽、湖北及东北地区等地的部分地区雷电密度迅速下降。雷电高密度区域主要集中在四川东部、云南、贵州、重庆、广东、广西、浙江、江西、福建和海南等地区。

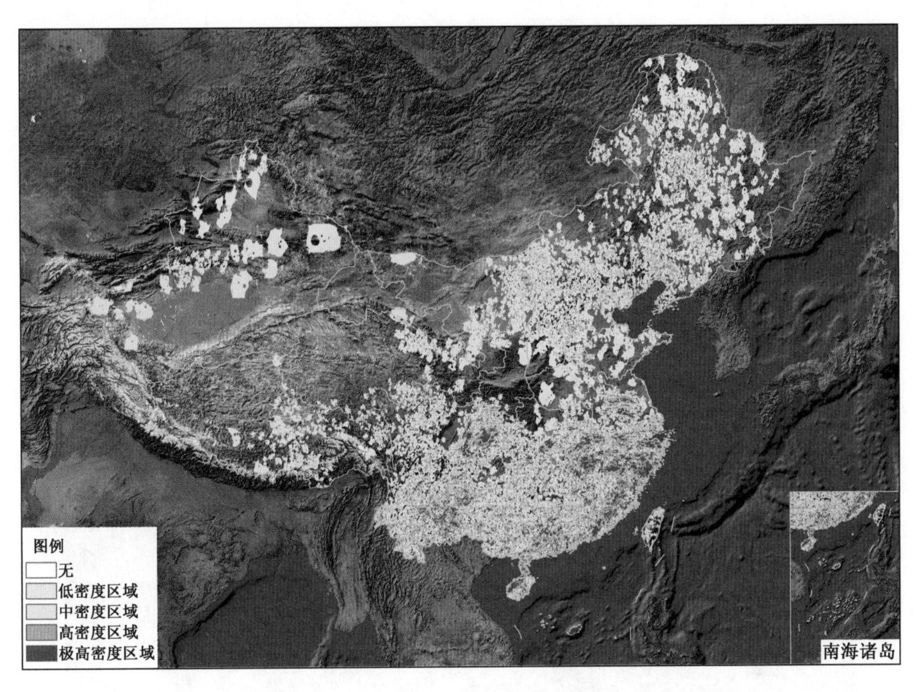

图 1.20　2014 年 9 月雷电密度分布图

2014 年 9 月平均每日雷电数达到 38 774 次，雷电活动主要集中在 1—20 日。其中最多的一天(2 日)雷电数达到 103 810 次。雷电频数逐日分布如图 1.21 所示。

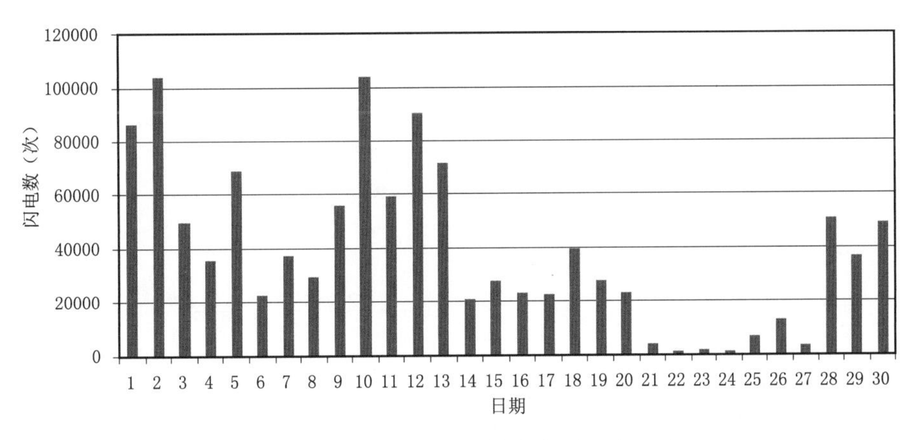

图 1.21　2014 年 9 月雷电频数逐日分布图

十、2014 年 10 月雷电活动情况

2014 年 10 月雷电活动相比前 5 个月迅速减少，雷电数量仅为 9 月的 9.4%，国家雷电监测网共探测到雷电 108 857 次，其中正闪 95 915 次，负闪 12 942 次。雷电数量相比去年同期增加了约 125%。

2014 年 10 月雷电活动分布如图 1.22 所示。10 月雷电活动范围相对较小，主要集中在云南、四川、辽宁、黑龙江和吉林，以及内蒙古、西藏、山西、陕西、海南等部分地区。与 2013 年同期相比，雷电活动明显增加。

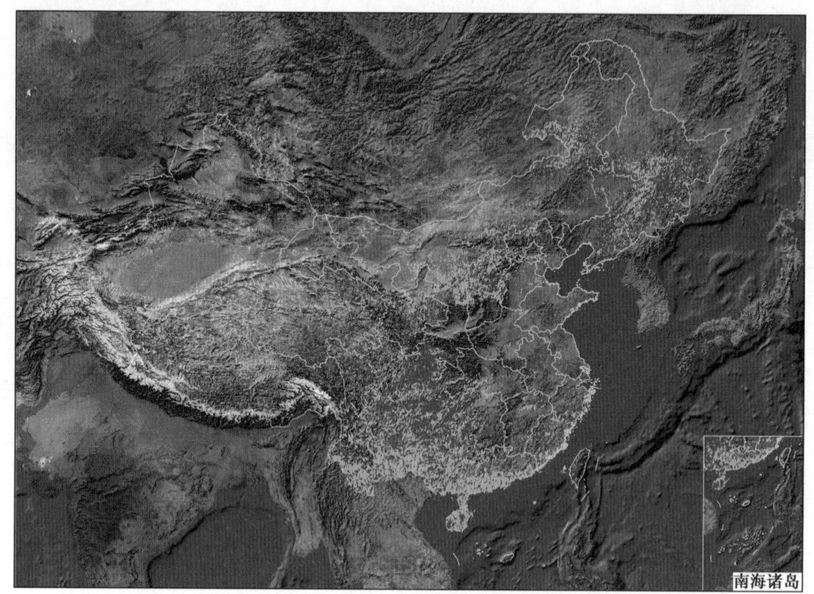

图 1.22　2014 年 10 月雷电活动分布图
（红色表示正闪，橙色表示负闪）

2014 年 10 月平均每日雷电数达到 3 512 次，雷电活动主要集中在 1—4 日和 24—29 日两个时间段，其中最多的一天(3 日)雷电数达到 21184 次，4 日之后，雷电活动明显减少。雷电频数逐日分布如图 1.23 所示。

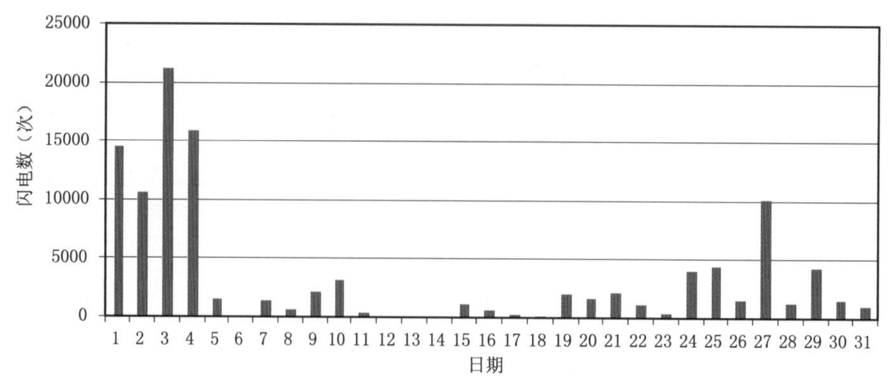

图 1.23　2014 年 10 月雷电频数逐日分布图

十一、2014年11月雷电活动情况

2014年11月国家雷电监测网共探测到雷电14 804次，其中正闪10 423次，负闪4 381次。雷电数量多于去年11月的3 187次，比去年同期增加了365%，比今年10月的雷电数量减少了86.4%，雷电活动迅速减少。

2014年11月雷电活动分布如图1.24所示。11月我国雷电活动数量和范围都减少，主要集中在湖北、安徽和江西三省交界地区。

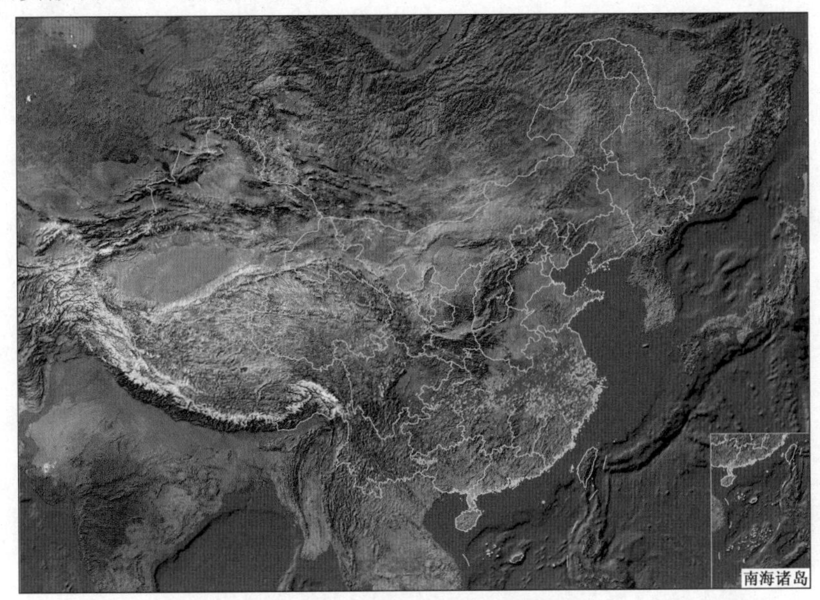

图1.24　2014年11月雷电活动分布图
（红色表示正闪，橙色表示负闪）

2014年11月平均每日雷电数达到493次，雷电活动主要集中在27日和29日，其中最多的一天（29日）雷电数达到5 595次，其他时间段雷电活动相对较少。雷电频数逐日分布如图1.25所示。

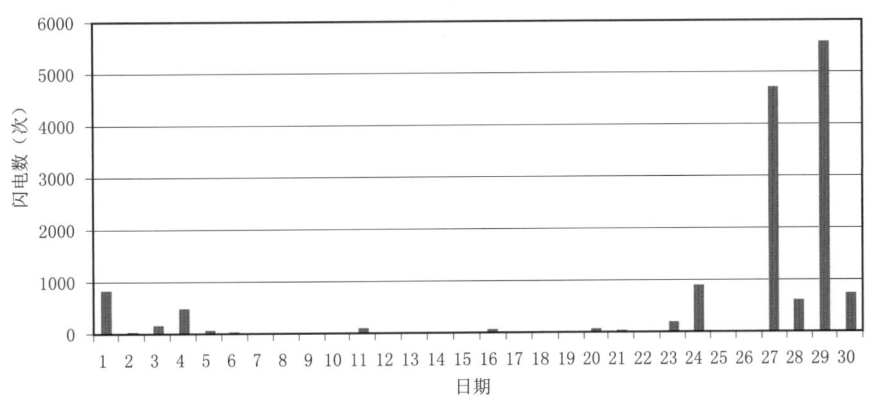

图1.25　2014年11月雷电频数逐日分布图

十二、2014 年 12 月雷电活动情况

图 1.26 为 2014 年 12 月雷电活动分布图。12 月我国内陆地区雷电很少，只发生在云南省部分地区。2014 年 12 月雷电频数逐日分布如图 1.27 所示，国家雷电监测网共探测到雷电 110 次，其中 17 日雷电最多，为 40 次。

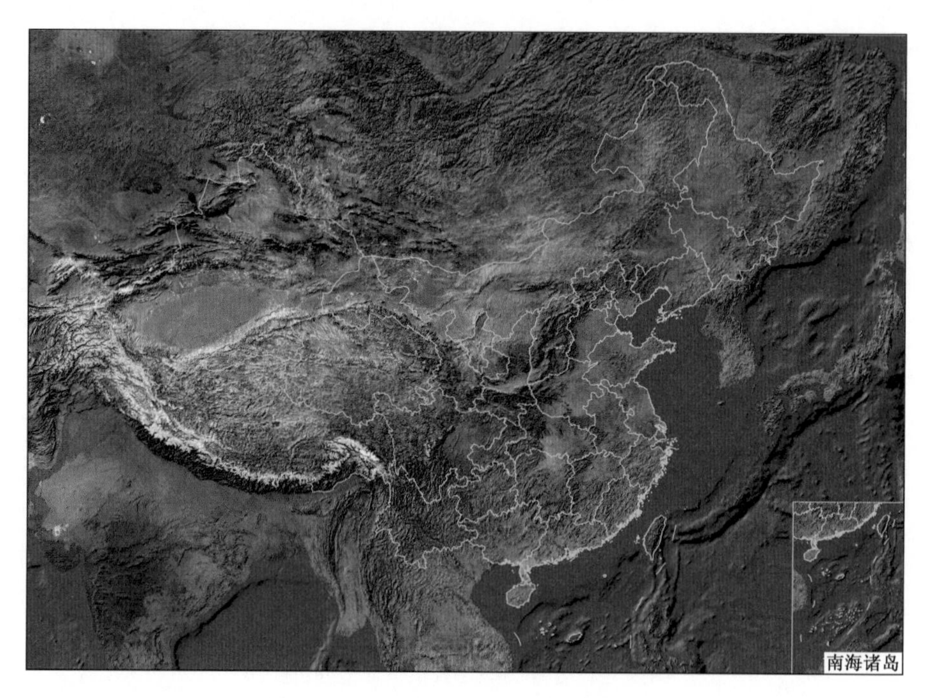

图 1.26　2014 年 12 月雷电活动分布图

（红色表示正闪，橙色表示负闪）

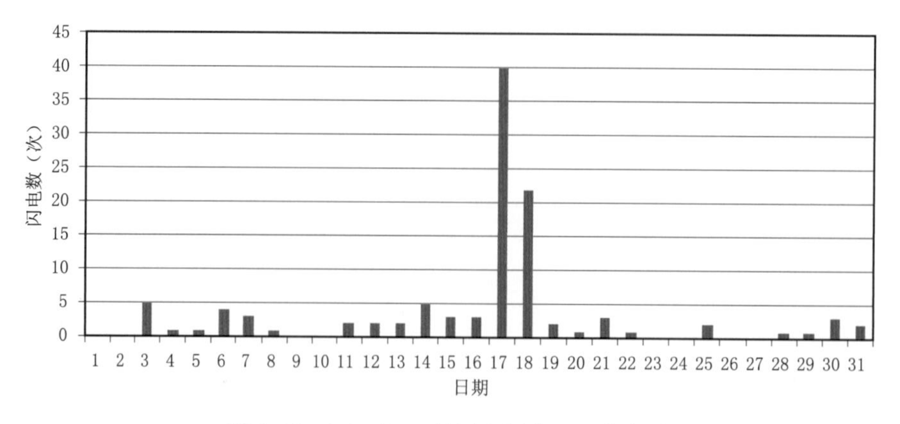

图 1.27　2014 年 12 月雷电频数逐日分布图

十三、2014 年全年雷电活动情况总结

2014 年 1—12 月全国共发生地闪 885 万次，与 2013 年 1 077.9 万次相比显著减少。2014 年的雷电天气系统在时间分布特征上与 2013 年稍有不同，3 月、7 月、9 月、10 月和 11 月雷电活动相对 2013 年增加，其他月份雷电活动相对减少，雷电活动活跃期为 5—9 月，其中 6—8 月为高发期。

1. 时间分布特点

2014 年 1 月地闪数量较少，与 2013 年持平。2 月地闪数量较 2013 年有所下降。3 月、7 月、9 月、10 月和 11 月地闪数量较 2013 年有明显大幅度的增加。4—6 月、8 月和 12 月地闪数量较 2013 年有所下降，其中 12 月减少了 92%。

2. 空间分布特点

2014 年全国地闪密度数值比 2013 年有所减小，平均密度低于 2013 年。分布区域与往年相似，广东珠江三角洲、四川东部、上海、浙江、江苏南部、安徽南部、江西北部和福建东部沿海地区仍为地闪高密度区域，北方部分省份如山东、河南、河北和辽宁等地部分地区地闪高密度较 2013 年有所减小。

具体见图 1.28、图 1.29 和表 1.1。

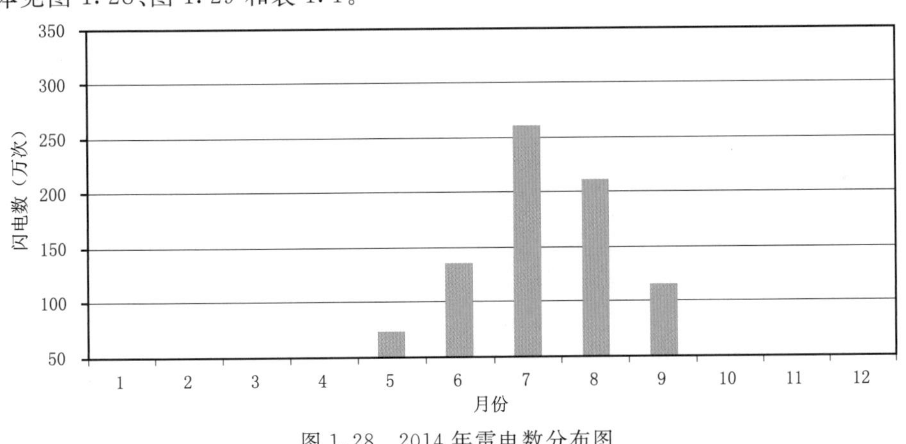

图 1.28　2014 年雷电数分布图

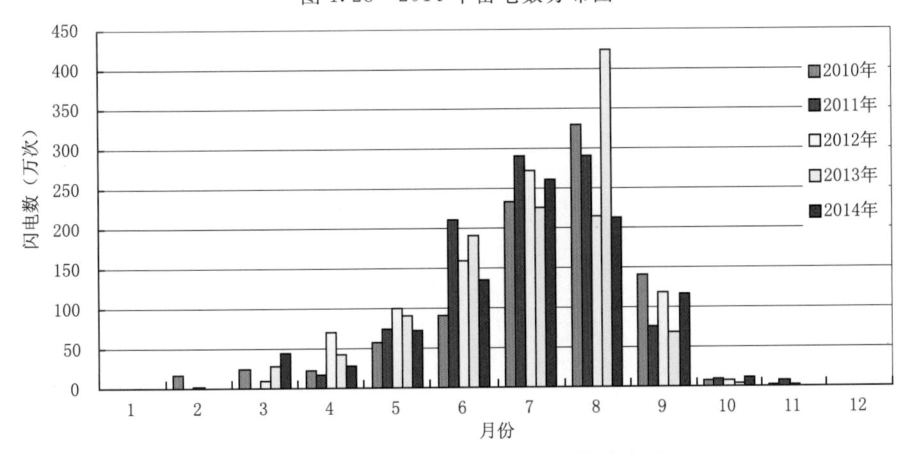

图 1.29　2010—2014 年月雷电数分布图

表 1.1　2010—2014 年月雷电数分布表(单位:次)

月份	2010 年	2011 年	2012 年	2013 年	2014 年	2014 年与 2013 年同期相比
1	1748	3315	1104	690	580	−16%
2	178041	2464	18130	9291	1257	−86%
3	244179	5728	106108	284134	452007	59%
4	222183	179421	701366	435855	287025	−34%
5	574422	742146	1006276	910773	733815	−19%
6	918006	2114754	1585211	1900373	1362287	−28%
7	2330199	2904434	2716097	2261808	2604028	15%
8	3285158	2908266	2150504	4225161	2122428	−50%
9	1411179	769925	1190823	697508	1163220	67%
10	88649	104054	83453	48343	108857	125%
11	19438	74602	31244	3187	14804	365%
12	1342	301	6924	1418	110	−92%
全年	9274544	9809410	9597240	10778541	8850418	−18%

第二部分

2014 年全国雷电气候参数统计

一、2014 年全国雷电(回击)密度分布图

2014 年全国地闪密度数值比 2013 年偏低，区域分布与往年相似，高密度区分布在东南沿海与西南一带，其中广东珠江三角洲、四川东部、上海、浙江、福建沿海地区、贵州南部、湖北北部和江苏北部地区仍为地闪高密度区域，雷电密度分布如图 2.1 所示(单位为次/平方千米)，平均密度低于 2013 年。北方部分省份如山东、河南、河北、辽宁等地部分地区地闪高密度较 2013 年有所减小。

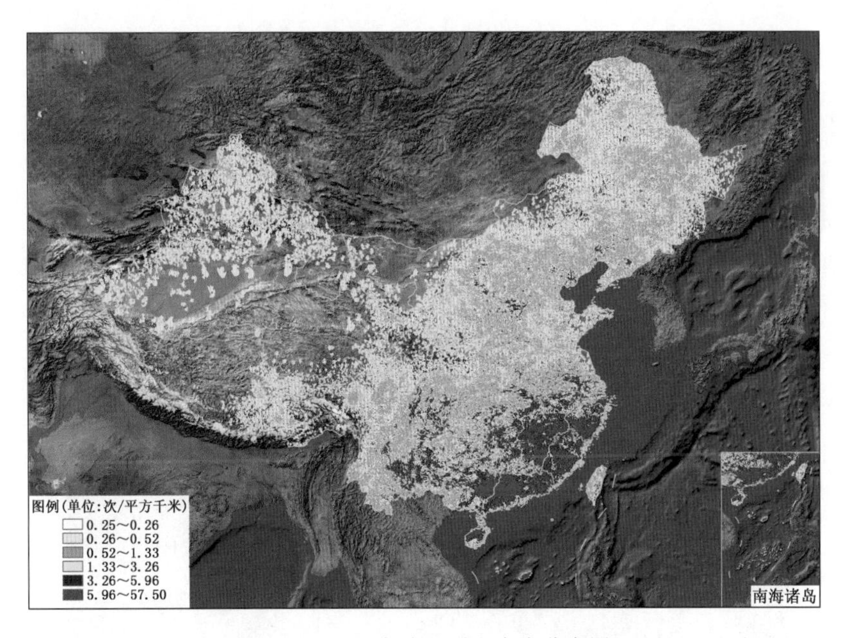

图 2.1　2014 年全国雷电密度分布图

二、2014 年全国雷暴日分布图

图 2.2 为 2014 年全国雷暴日分布图，单位为天/(20×20 平方千米 · 年)。从图中可以看出，雷暴日由东南沿海向西北内陆逐渐减少，雷暴日地区分布情况与往年类似，个别地区稍有

差别。2014 年全国雷暴日数最高达 104 天，比 2013 年减少。长江以南仍旧是雷暴日数较多区域。与 2013 年相比，长江以南地区雷暴日有所增加，尤其是江西、福建两地，雷暴日明显高于 2013 年。年雷暴日数在 70 天以上的地区主要有江西中部、福建南部、云南东部、广东、广西东部和海南等地区。而地处东北的黑龙江中南部雷暴日较 2013 年有所增加。

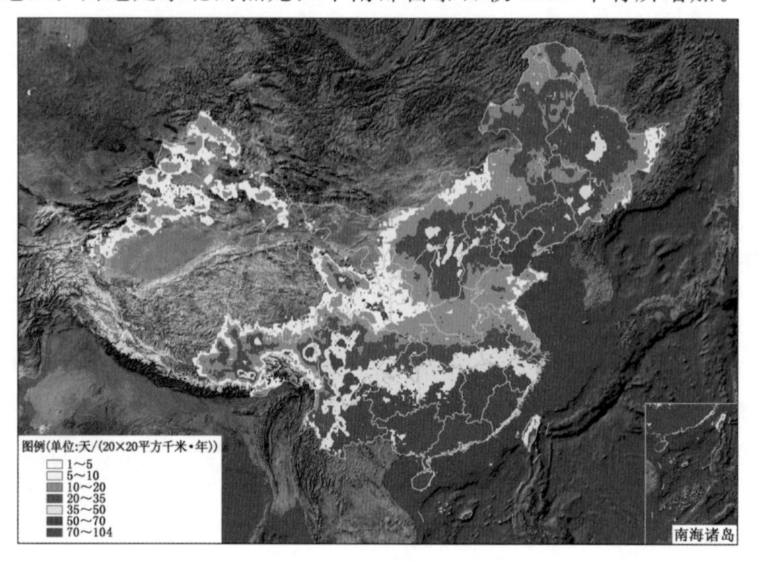

图 2.2　2014 年全国雷暴日分布图

三、2014 年全国雷电小时数分布图

2014 年全国雷电小时数分布如图 2.3 所示，单位为小时。高值地区集中在东南沿海地区、云贵川地区以及华北地区等区域。与 2013 年相比，全国雷电小时数整体上呈现下降趋势，尤其在东北和华北地区雷电小时数较去年减少明显，而在华南地区有所增加。

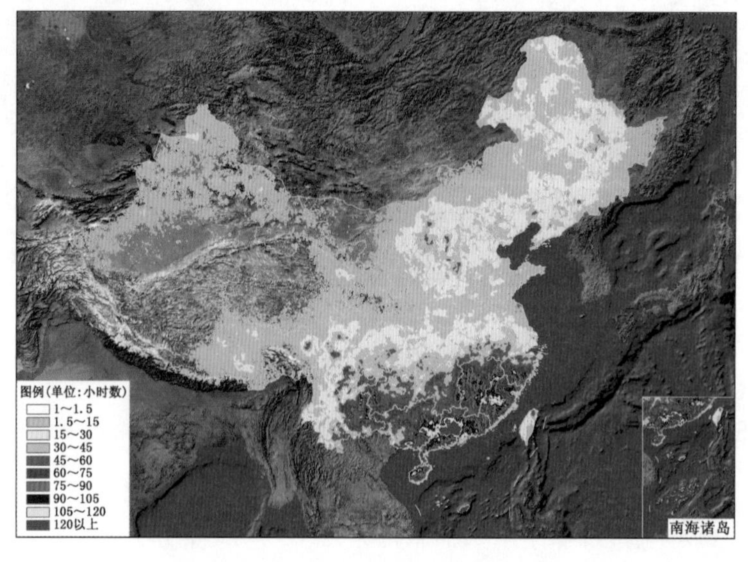

图 2.3　2014 年全国雷电小时数分布图

四、2014 年全国雷电极性分布图

2014 年全国雷电极性分布(正闪百分比)如图 2.4 所示,我国南部大部分地区正闪百分比低于 15%,长江以北地区正闪百分比较高,可达 15%以上,许多地区达到 40%以上。

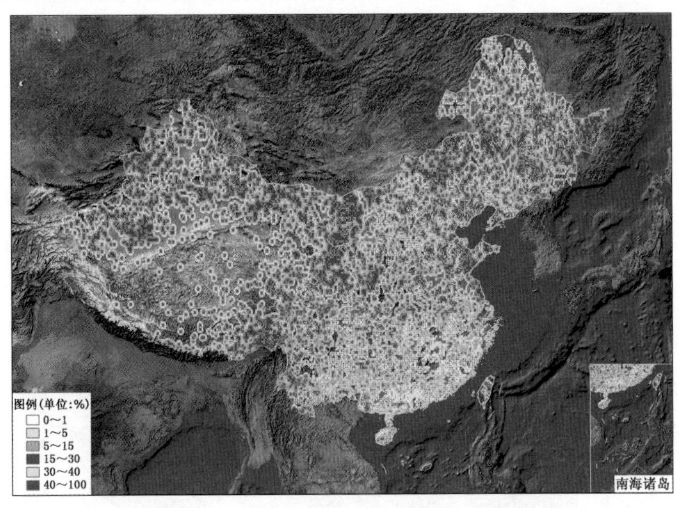

图 2.4　2014 年全国雷电极性分布图

五、2014 年全国雷电频数分布图

图 2.5 为 2014 年全国雷电频数分布图(单位为次/小时),全国雷电频数分布高值区域与去年分布有所不同,长江流域(包括江苏、湖北和四川)与 2013 年类似,仍为高值区,而华北地区、东北地区南部、华中地区雷电频数显著减少。

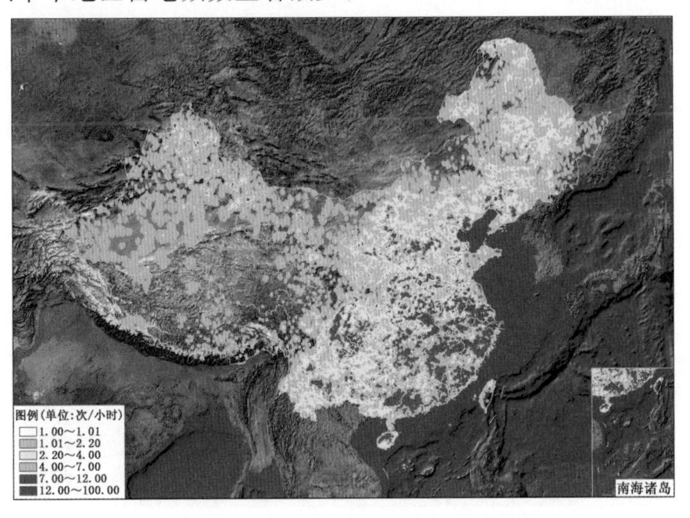

图 2.5　2014 年全国雷电频数分布图

六、2014 年全国雷电负闪(回击)平均强度分布图

2014 年全国雷电负闪平均强度分布区域(图 2.6)与 2013 年相比,贵州、湖南和重庆地区明显增加,河北地区明显减弱。2014 年华南地区负闪平均强度基本在 30～40 千安,与 2013 年持平。

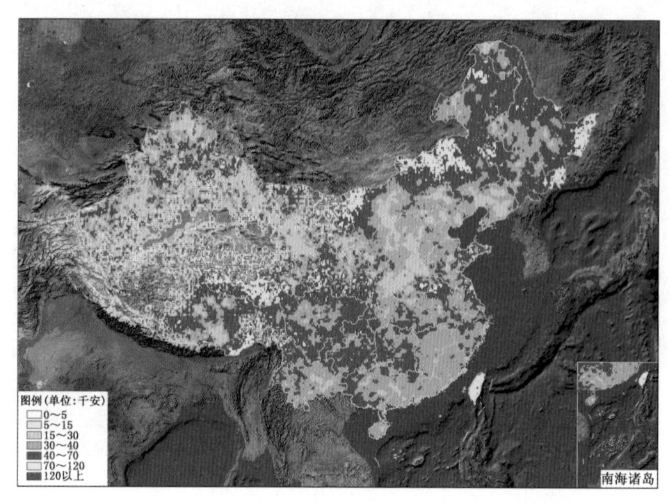

图 2.6　2014 年全国雷电负闪平均强度分布图

七、2014 年全国雷电正闪(回击)平均强度分布图

2014 年全国雷电正闪平均强度分布区域(图 2.7)与 2013 年有一定差异,西藏东部地区正闪强度减弱,东北地区正闪强度较大,个别地区达到 120 千安以上,而西南东部地区和内蒙古地区平均强度增加。

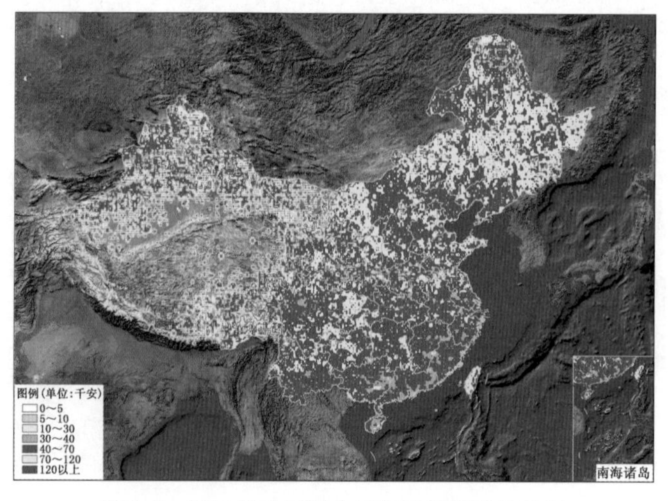

图 2.7　2014 年全国雷电正闪平均强度分布图

第三部分

2014 年各省(区、市)雷电密度、雷暴日分布图

一、北京市

2014 年北京市共发生闪电 21 786 次，其中正闪 2 591 次，负闪 19 195 次，每月雷电次数见表 3.1 和图 3.1。由表和图可见，从 3 月开始有零星雷电活动，5—9 月是雷电高发期，其中 6 月份雷电活动次数最多，10 月份有少量雷电活动，2 月份无雷电活动。

北京市雷电密度分布如图 3.2 所示，最高雷电密度为 14.69 次/(平方千米 · 年)，比 2013 年低 3.56 次/(平方千米 · 年)。高密度区与 2013 年有所不同，2014 年高密度区集中在北部地区密云县、平谷区及顺义区。中心城区一带雷电密度低于 2013 年。北京市雷暴日分布如图 3.3 所示，年雷暴日数最高为 38 天，雷暴月数为 11 个月。

表 3.1　2014 年北京市月雷电数统计表(单位:次)

月份	总闪数	正闪数	负闪数
1	1	0	1
2	0	0	0
3	96	54	42
4	282	252	30
5	1512	420	1092
6	6618	999	5619
7	5583	339	5244
8	5537	383	5154
9	2018	137	1881
10	136	7	129
11	2	0	2
12	1	0	1
合计	21786	2591	19195

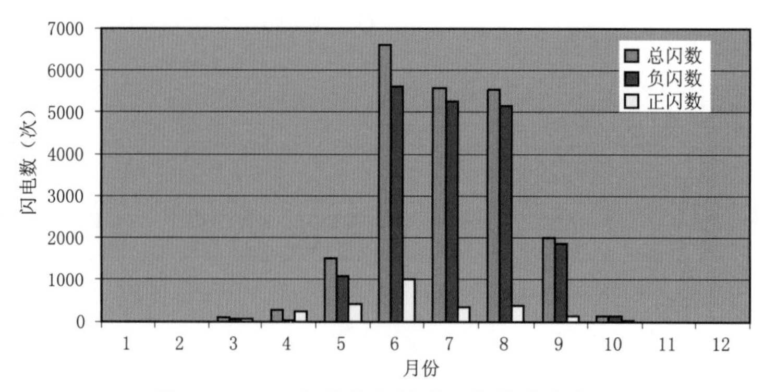

图 3.1　2014 年北京市月雷电数统计直方图

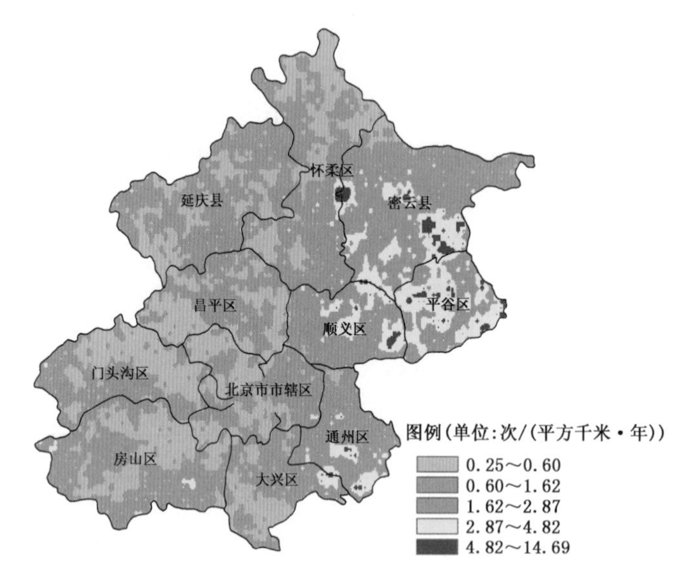

图 3.2　2014 年北京市雷电密度分布图

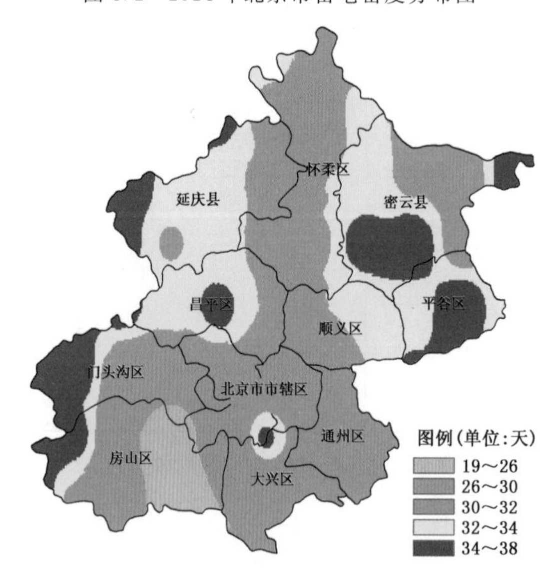

图 3.3　2014 年北京市雷暴日分布图

二、天津市

2014年天津市共发生闪电15 457次,其中正闪1 763次,负闪13 694次,每月雷电次数见表3.2和图3.4。由表和图可见,1月无雷电活动,2—4月开始有少量雷电活动,6—8月是雷电高发期,其中8月雷电活动次数最多,9月雷电活动逐渐减少。

天津市雷电密度分布如图3.5所示,最高雷电密度为7.47次/(平方千米·年),低于2013年。分布趋势也略有不同,高密度区主要集中在天津中部和北部一带。中部地区雷电密度较2013年明显减少。天津市雷暴日分布如图3.6所示,年雷暴日数最高为35天,较2013年增加5天,雷暴月数为11个月。

表3.2　2014年天津市月雷电数统计表(单位:次)

月份	总闪数	正闪数	负闪数
1	0	0	0
2	1	0	1
3	9	7	2
4	93	89	4
5	420	286	134
6	4546	466	4080
7	3306	487	2819
8	6676	354	6322
9	395	72	323
10	8	1	7
11	1	0	1
12	2	1	1
合计	15457	1763	13694

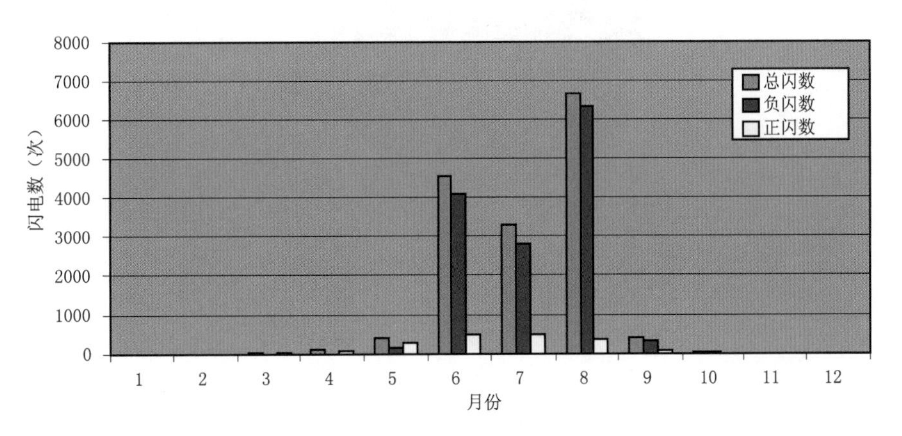

图3.4　2014年天津市月雷电数统计直方图

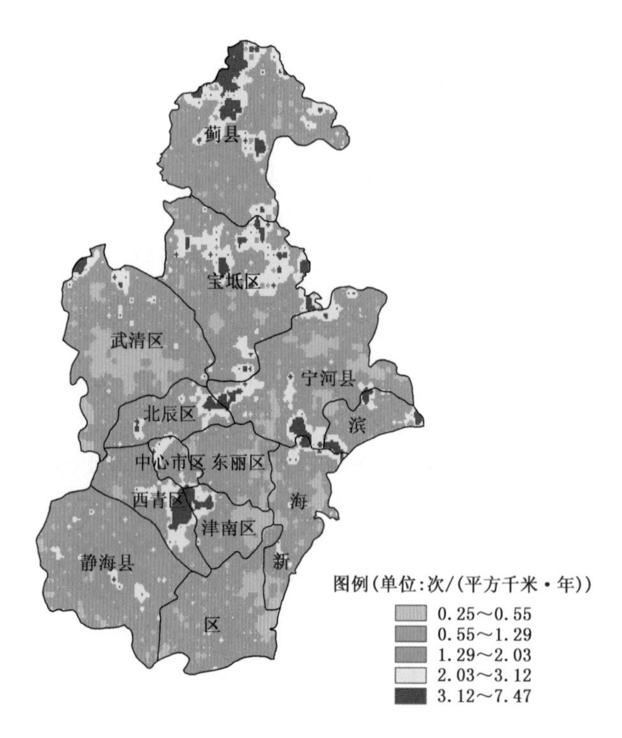

图 3.5　2014 年天津市雷电密度分布图

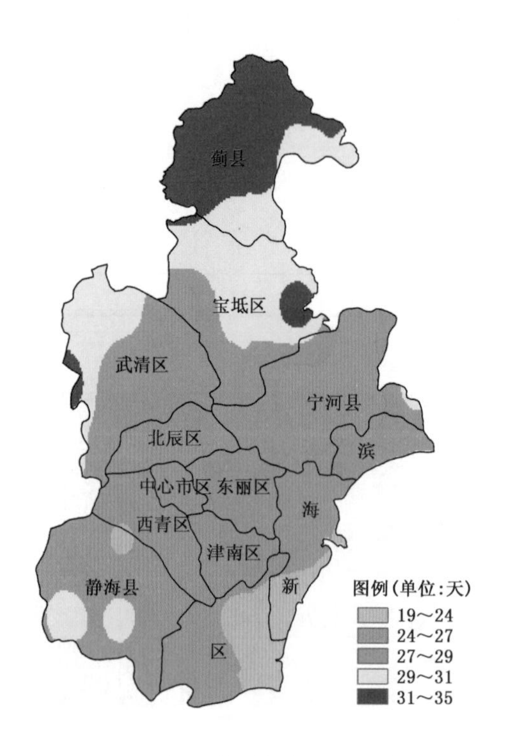

图 3.6　2014 年天津市雷暴日分布图

三、河北省

2014年河北省共发生闪电205 296次，其中正闪23 683次，负闪181 613次，每月雷电次数见表3.3和图3.7。由表和图可见，1—2月有少量雷电活动，3月雷电活动增多，6—9月是雷电高发期，其中8月雷电活动次数最多，10月雷电活动明显减少，到11月仅有少量的雷电活动，12月只有1次雷电活动。

河北省雷电密度分布如图3.8所示，高密度区主要分布在河北省东部地区(唐山和秦皇岛)，西南部部分地区(石家庄、邢台和邯郸)雷电密度也较高。最高雷电密度为20.75次/(平方千米·年)，较2013年减少17.5次/(平方千米·年)。河北省雷暴日分布如图3.9所示，年雷暴日数最高为46天，与2013年持平，雷暴月数为12个月。

表3.3　2014年河北省月雷电数统计表(单位:次)

月份	总闪数	正闪数	负闪数
1	1	0	1
2	3	2	1
3	565	260	305
4	1873	1462	411
5	5861	2789	3072
6	41656	7467	34189
7	54865	5341	49524
8	84899	4809	80090
9	14985	1441	13544
10	585	112	473
11	2	0	2
12	1	0	1
合计	205296	23683	181613

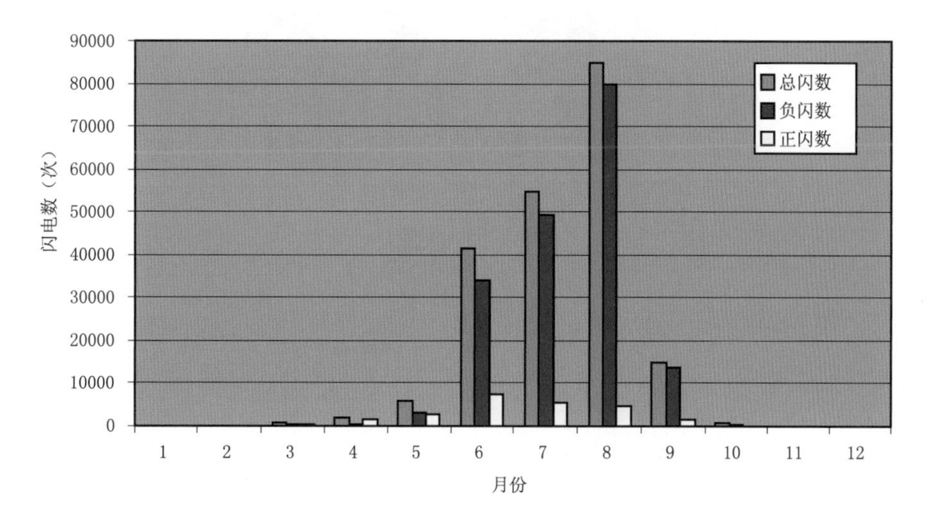

图3.7　2014年河北省月雷电数统计直方图

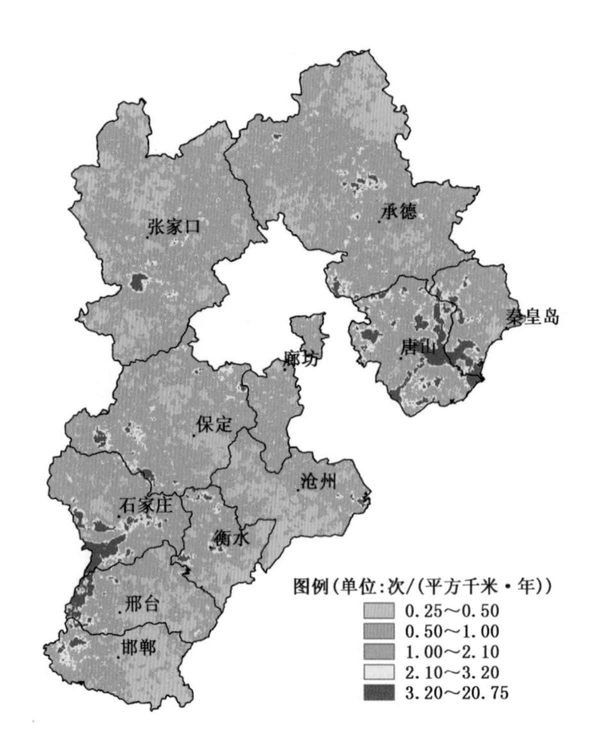

图 3.8　2014 年河北省雷电密度分布图

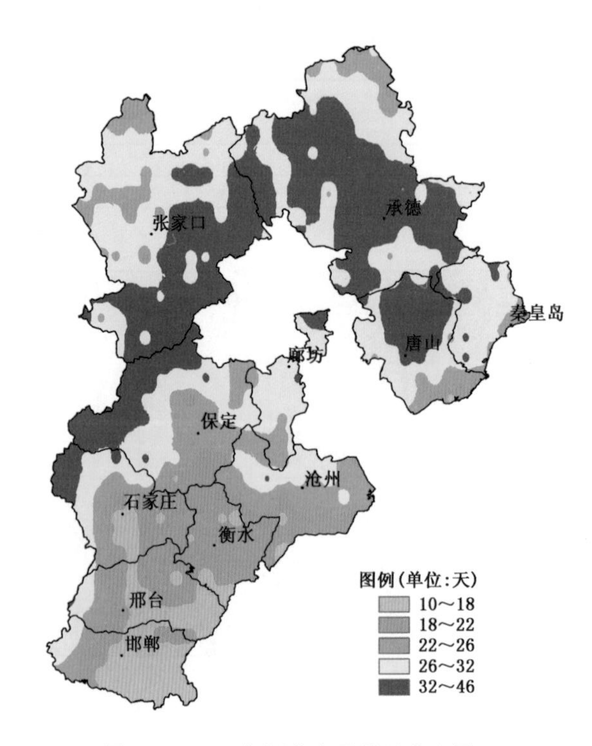

图 3.9　2014 年河北省雷暴日分布图

四、山西省

2014年山西省共发生闪电214 408次,其中正闪13 292次,负闪201 116次,每月雷电次数见表3.4和图3.10。由表和图可见,1—2月无雷电活动,3月雷电活动开始增多,6—8月是雷电高发期,其中7月雷电活动最多,11月无雷电活动,12月只有1次雷电活动。

山西省雷电密度分布如图3.11所示,高密度区集中在太原的东北部、阳泉的西南部及榆次的大部分地区,离石和朔州地区也有零散分布,最高雷电密度为15.25次/(平方千米·年)。山西省雷暴日分布如图3.12所示,年雷暴日数最高为46天,雷暴月数为9个月。

表3.4 2014年山西省月雷电数统计表(单位:次)

月份	总闪数	正闪数	负闪数
1	0	0	0
2	0	0	0
3	194	83	111
4	2593	543	2050
5	492	208	284
6	32144	3827	28317
7	110851	4028	106823
8	57605	3375	54230
9	6484	758	5726
10	4044	470	3574
11	0	0	0
12	1	0	1
合计	214408	13292	201116

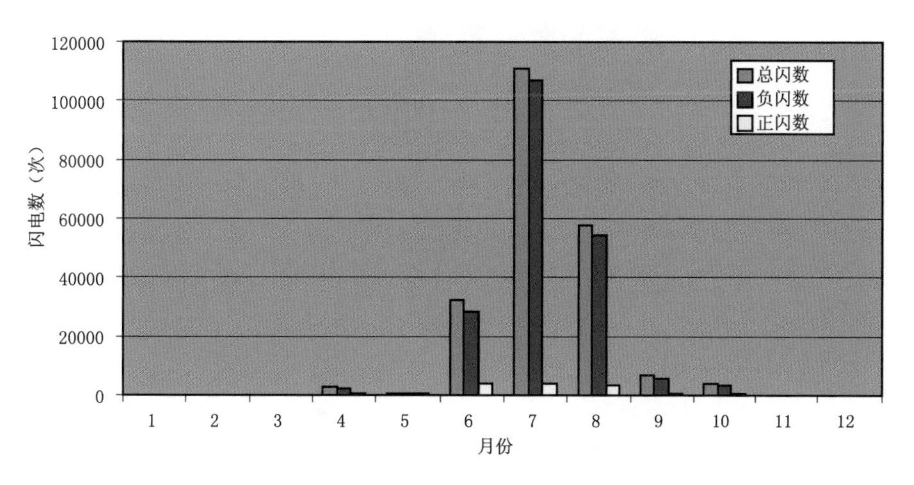

图3.10 2014年山西省月雷电数统计直方图

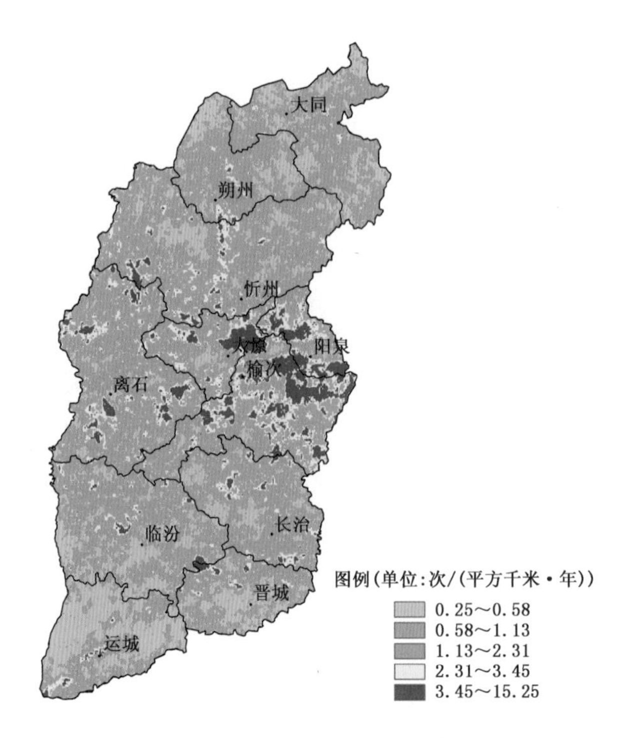

图 3.11　2014 年山西省雷电密度分布图

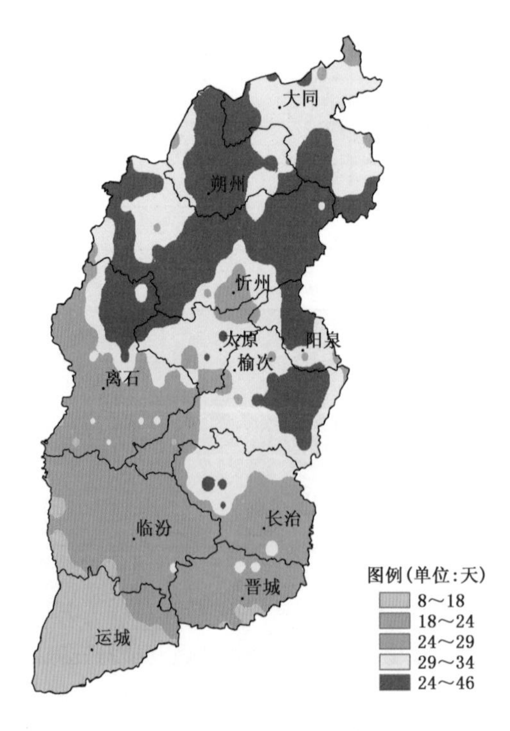

图 3.12　2014 年山西省雷暴日分布图

五、内蒙古自治区

2014年内蒙古自治区共发生闪电341 091次，其中正闪38 272次，负闪302 819次。每月雷电次数见表3.5和图3.13。由表和图可见，1—2月无雷电活动，3月开始有少量的雷电活动，4月雷电活动开始增多，6—9月是雷电高发期，其中7月雷电活动最多，10月雷电活动减少，11—12月有零星雷电活动。

内蒙古自治区雷电密度分布如图3.14所示，高密度区集中在呼和浩特、包头、集宁和东胜部分地区，赤峰和通辽也有零散分布，最高雷电密度为16.25次/(平方千米·年)，较2013年减少1.25次/(平方千米·年)。内蒙古自治区雷暴日分布如图3.15所示，年雷暴日数最高为49天，雷暴月数为10个月。

表3.5　2014年内蒙古自治区月雷电数统计表(单位:次)

月份	总闪数	正闪数	负闪数
1	0	0	0
2	0	0	0
3	51	35	16
4	608	242	366
5	7897	1925	5972
6	60178	6627	53551
7	117401	14993	102408
8	113788	8030	105758
9	37722	5871	31851
10	3437	548	2889
11	6	1	5
12	3	0	3
合计	341091	38272	302819

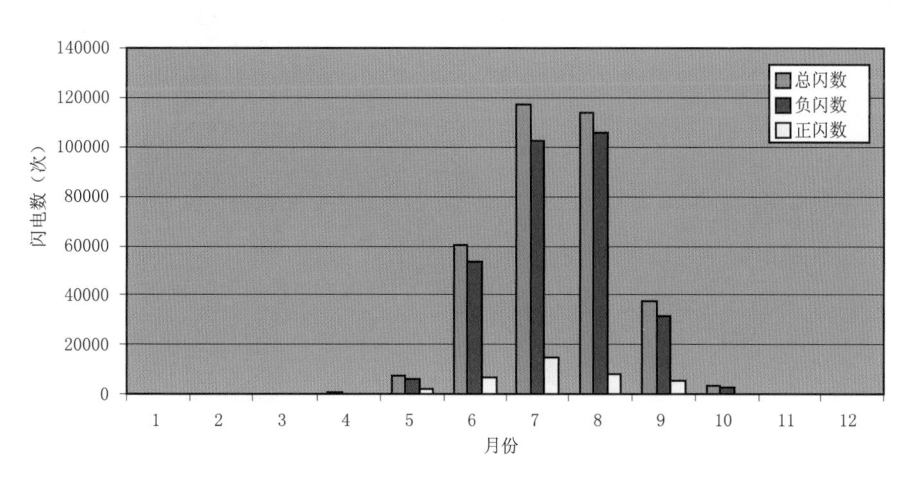

图3.13　2014年内蒙古自治区月雷电数统计直方图

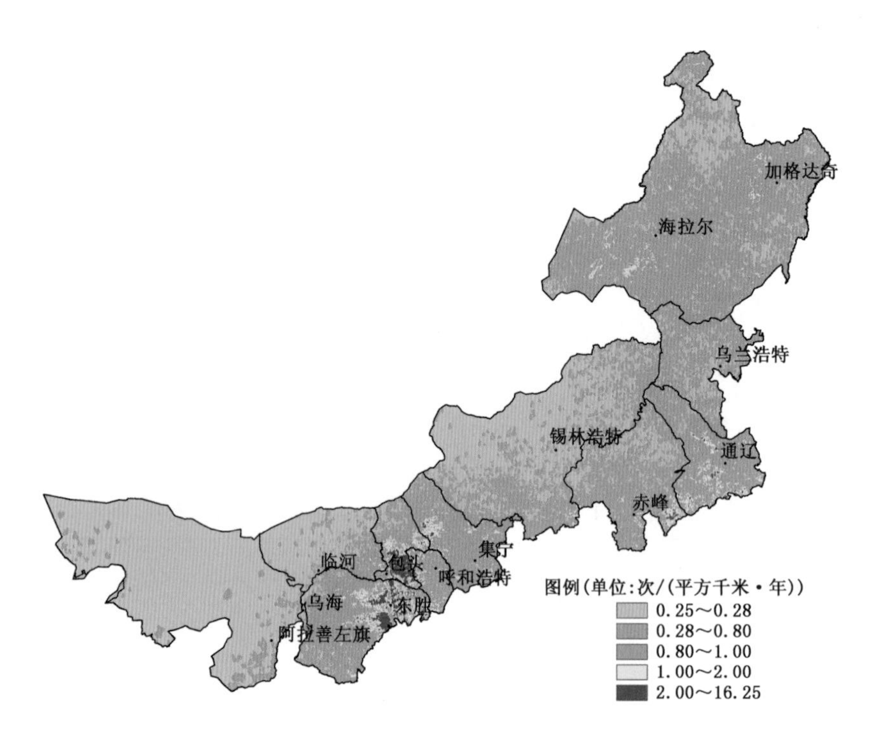

图 3.14　2014 年内蒙古自治区雷电密度分布图

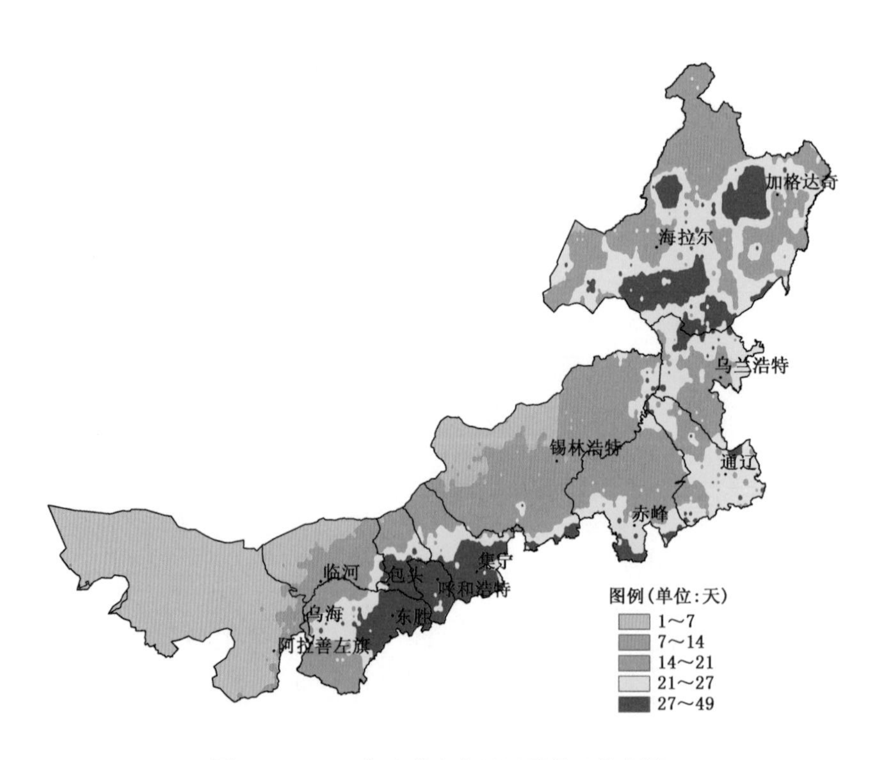

图 3.15　2014 年内蒙古自治区雷暴日分布图

六、辽宁省

2014年辽宁省共发生闪电176 015次,其中正闪15 138次,负闪160 877次,每月雷电次数见表3.6和图3.16。由表和图可见,1—2月无雷电活动,3月开始有少量雷电活动,4月雷电活动逐渐增多,6—9月为雷电高发期,其中8月雷电活动最为频繁,10月雷电活动逐渐减少。12月雷电活动只有2次。

辽宁省雷电密度分布如图3.17所示,高密度区分布在铁岭、丹东、鞍山、本溪和锦州等地区,最高雷电密度为11次/(平方千米·年),较2013年减少14次/(平方千米·年)。辽宁省雷暴日分布如图3.18所示,年雷暴日数最高为43天,比2013年增加6天,雷暴月数为10个月。

表3.6 2014年辽宁省月雷电数统计表(单位:次)

月份	总闪数	正闪数	负闪数
1	0	0	0
2	0	0	0
3	260	200	60
4	850	637	213
5	6168	1917	4251
6	66076	5649	60427
7	14359	2471	11888
8	70926	2232	68694
9	16408	1431	14977
10	826	511	315
11	140	88	52
12	2	2	0
合计	176015	15138	160877

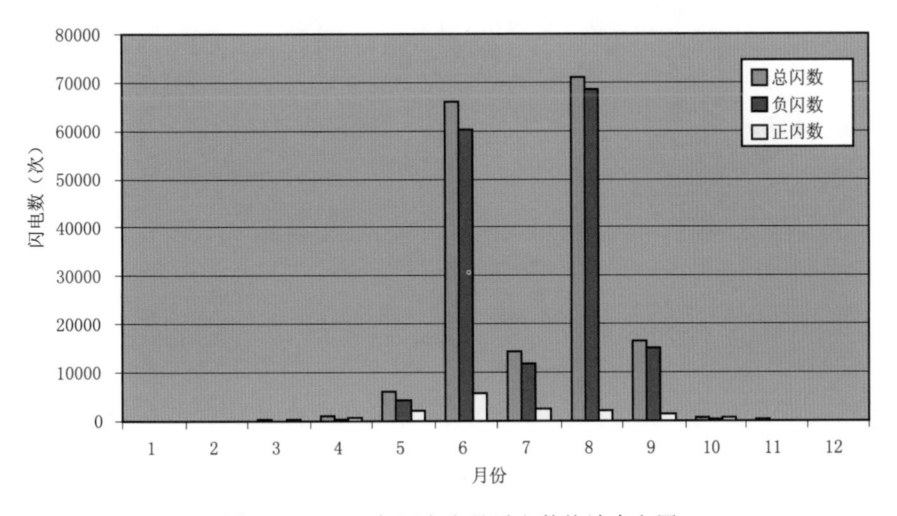

图3.16 2014年辽宁省月雷电数统计直方图

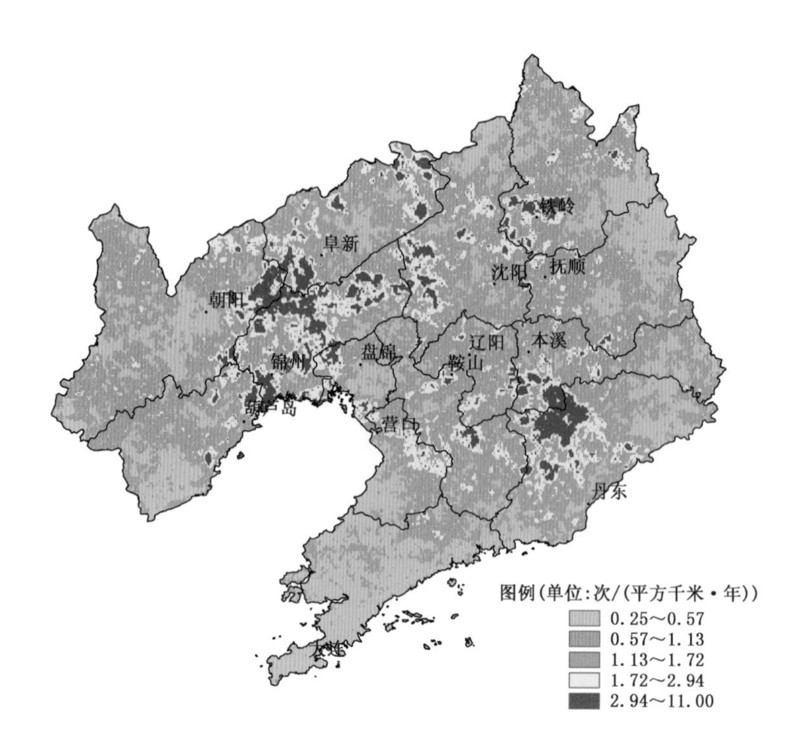

图 3.17　2014 年辽宁省雷电密度分布图

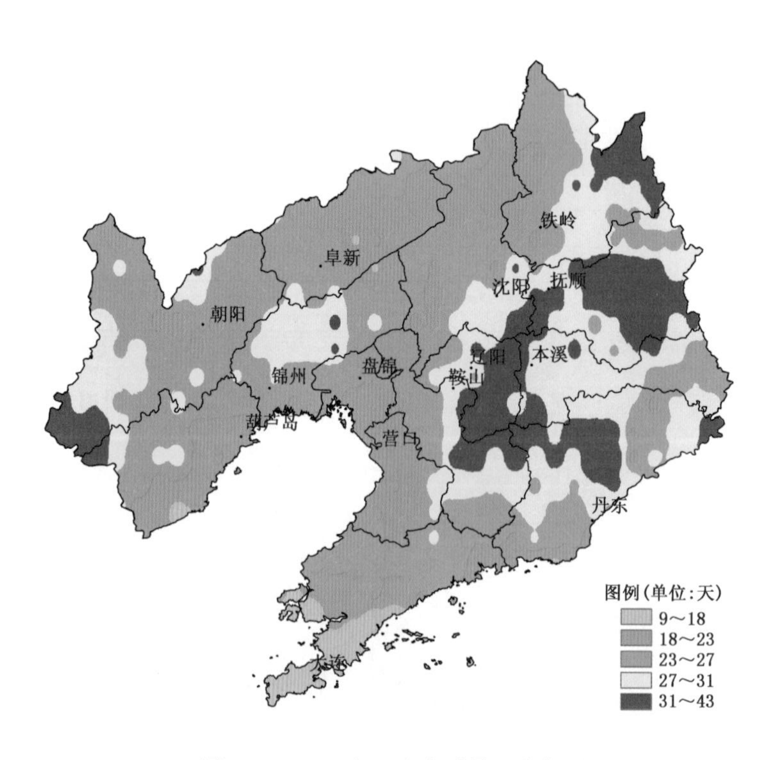

图 3.18　2014 年辽宁省雷暴日分布图

七、吉林省

2014 年吉林省共发生闪电 75 377 次,其中正闪 11 100 次,负闪 64 277 次,每月雷电次数见表 3.7 和图 3.19。由表和图可见,1—3 月份有少量雷电活动,4 月雷电活动开始增多,5—10 月为雷电高发期,其中 8 月雷电活动次数最多,11—12 月雷电活动明显减少。

吉林省雷电密度分布如图 3.20 所示,雷电密度北部和东部地区明显偏低。高密度区分布在四平、通化和辽源等地区,最高雷电密度为 8.25 次/(平方千米·年)。吉林省雷暴日分布如图 3.21 所示,年雷暴日数最高为 47 天,比 2013 年增加了 6 天,雷暴月数为 12 个月。

表 3.7　2014 年吉林省月雷电数统计表(单位:次)

月份	总闪数	正闪数	负闪数
1	1	0	1
2	1	0	1
3	138	102	36
4	1179	630	549
5	4676	1388	3288
6	12216	2252	9964
7	8312	2659	5653
8	39492	2179	37313
9	5798	875	4923
10	3499	975	2524
11	60	40	20
12	5	0	5
合计	75377	11100	64277

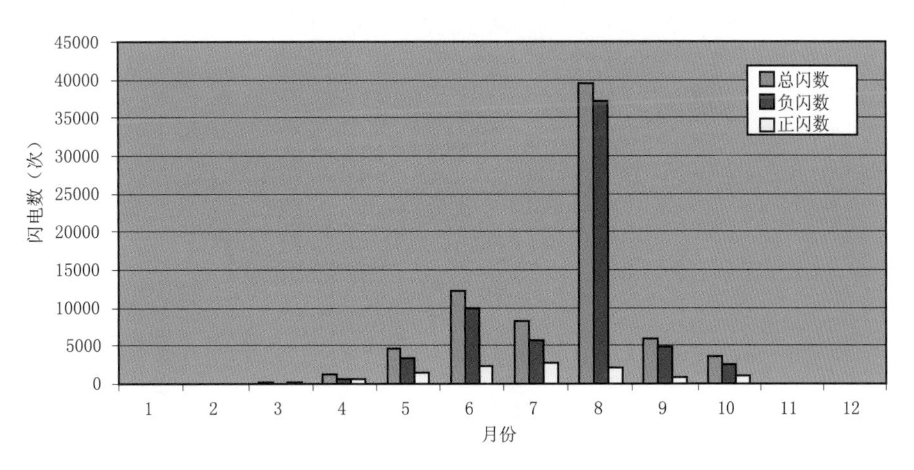

图 3.19　2014 年吉林省月雷电数统计直方图

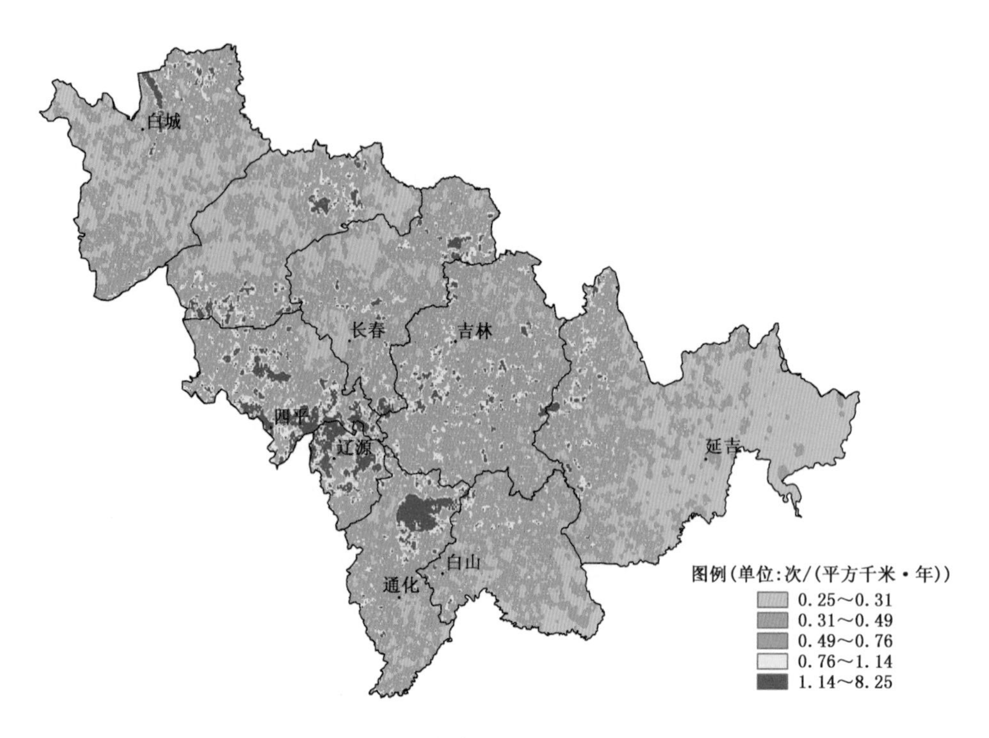

图 3.20　2014 年吉林省雷电密度分布图

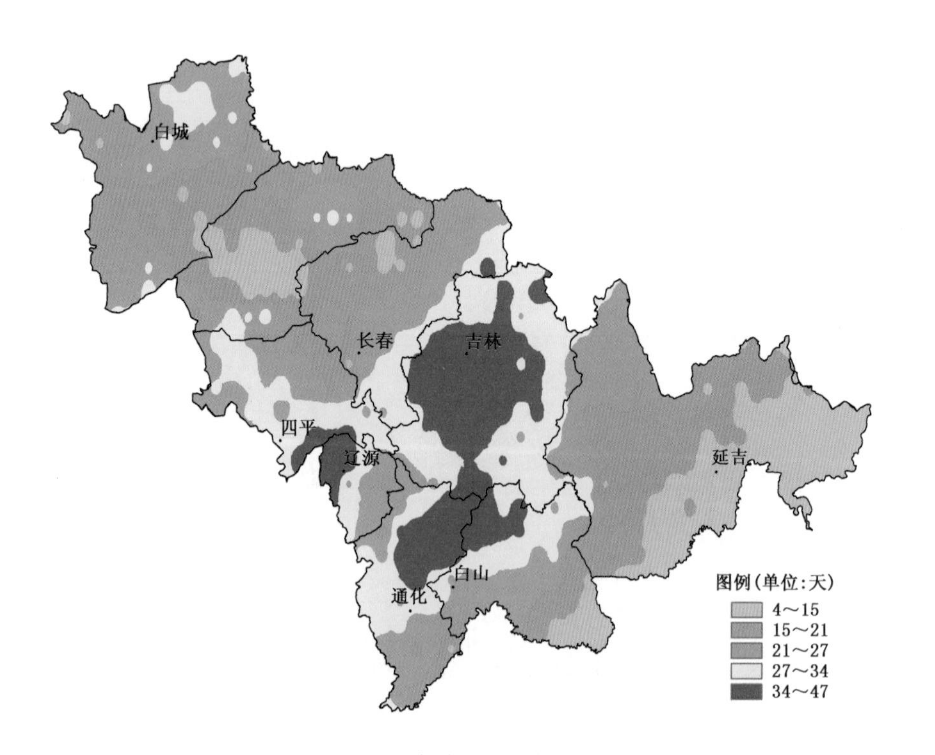

图 3.21　2014 年吉林省雷暴日分布图

八、黑龙江省

2014 年黑龙江省共发生闪电 223 829 次，其中正闪 32 408 次，负闪 191 421 次，每月雷电次数见表 3.8 和图 3.22。由表和图可见，与 2013 年相比，总闪数减少了 152 603 次。2 月份无雷电活动，4 月份雷电活动逐渐增加，5—10 月是雷电高发期，其中 7 雷电次数最多，11 月雷电活动又明显减少，12 月仍有少量的雷电活动。

黑龙江省雷电密度分布如图 3.23 所示，最高雷电密度为 8.50 次/(平方千米·年)，最高雷电密度较 2013 年减少 32 次/(平方千米·年)，高密度分布区与 2013 年比较相似，主要集中在黑龙江省南部地区。黑龙江省雷暴日分布如图 3.24 所示，年雷暴日数最高为 46 天，比 2013 年增加 4 天，雷暴月数为 11 个月。

表 3.8　2014 年黑龙江省月雷电数统计表(单位:次)

月份	总闪数	正闪数	负闪数
1	3	1	2
2	0	0	0
3	47	22	25
4	1045	560	485
5	6312	1292	5020
6	39487	9709	29778
7	92228	12781	79447
8	70239	5356	64883
9	9809	1334	8475
10	4610	1342	3268
11	40	11	29
12	9	0	9
合计	223829	32408	191421

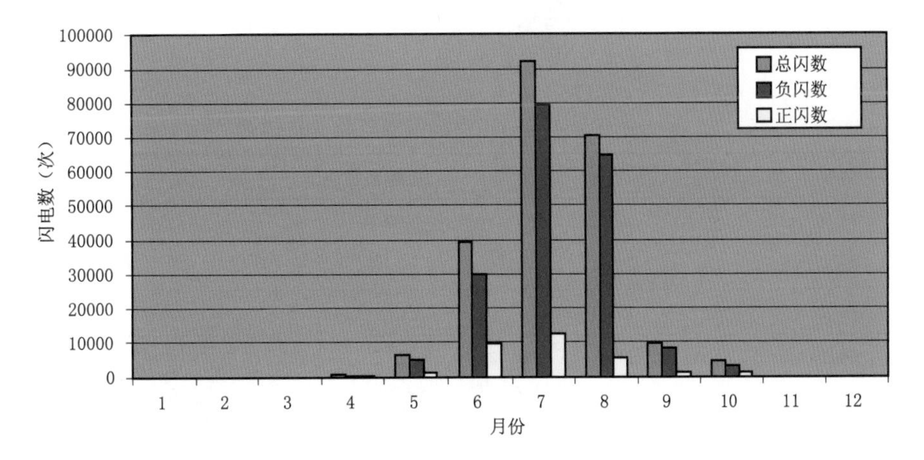

图 3.22　2014 年黑龙江省月雷电数统计直方图

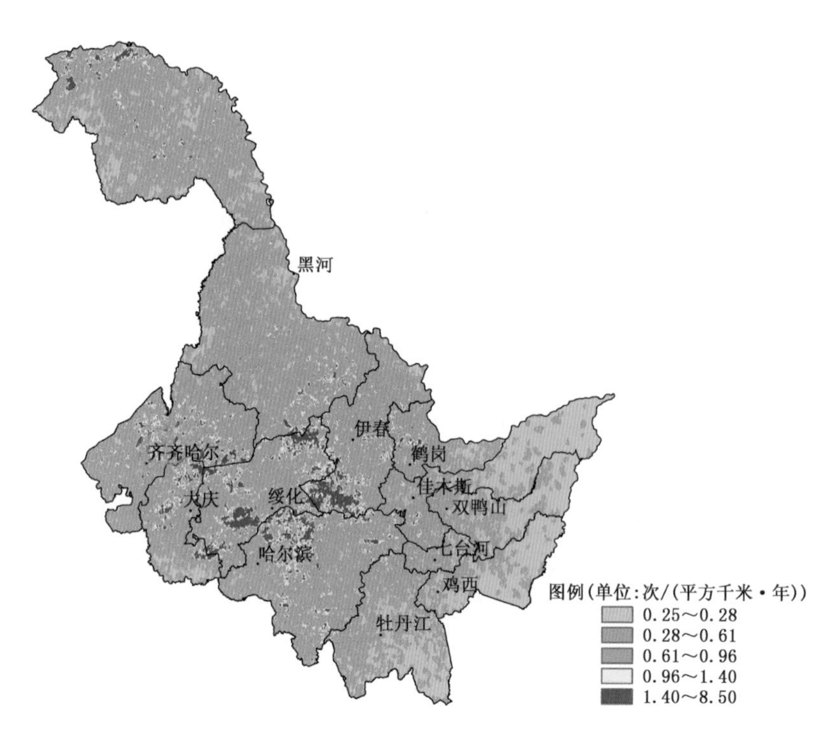

图 3.23　2014 年黑龙江省雷电密度分布图

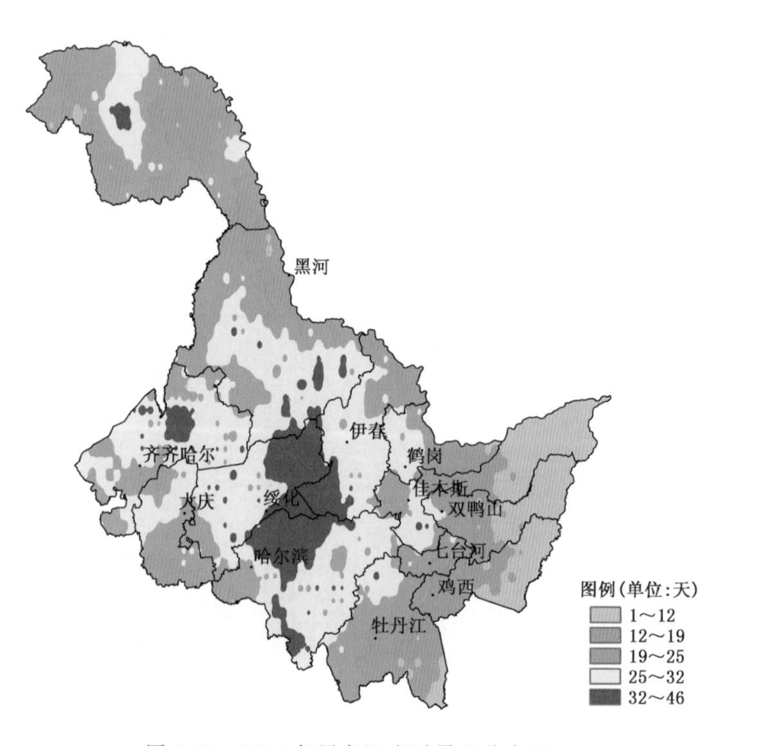

图 3.24　2014 年黑龙江省雷暴日分布图

九、上海市

2014 年上海市共发生闪电 16 988 次，其中正闪 317 次，负闪 16 671 次，每月雷电次数见表 3.9 和图 3.25。由表和图可见，1 月、2 月、10 月和 12 月无雷电活动，3—6 月有零星雷电活动，7—9 月是雷电高发期，其中 8 月份雷电活动次数最多。

上海市雷电密度分布如图 3.26 所示，最高雷电密度为 14.00 次/(平方千米·年)，明显低于 2013 年，分布趋势略有不同。高密度区分布在嘉定区南部和松江区中部等地区。上海市雷暴日分布如图 3.27 所示，年雷暴日数最高为 23 天，雷暴月数为 8 个月。

表 3.9　2014 年上海市月雷电数统计表(单位:次)

月份	总闪数	正闪数	负闪数
1	0	0	0
2	0	0	0
3	102	10	92
4	51	19	32
5	4	0	4
6	31	0	31
7	5687	163	5524
8	8148	65	8083
9	2808	35	2773
10	0	0	0
11	157	25	132
12	0	0	0
合计	16988	317	16671

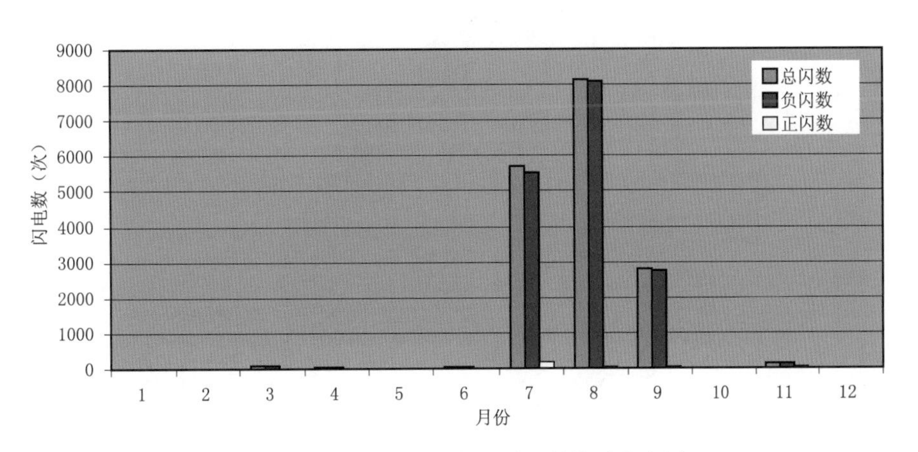

图 3.25　2014 年上海市月雷电数统计直方图

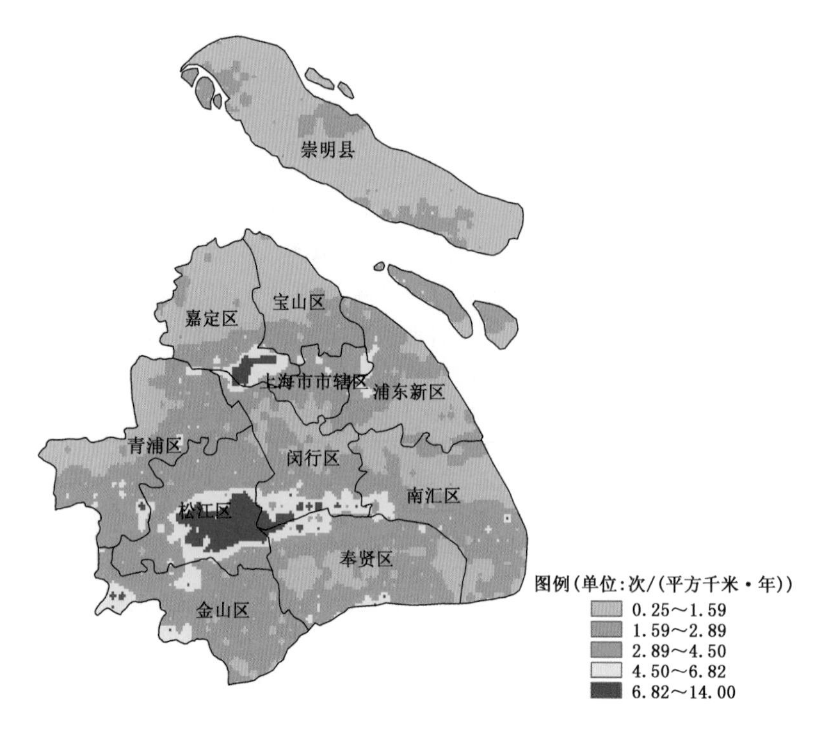

图 3.26　2014 年上海市雷电密度分布图

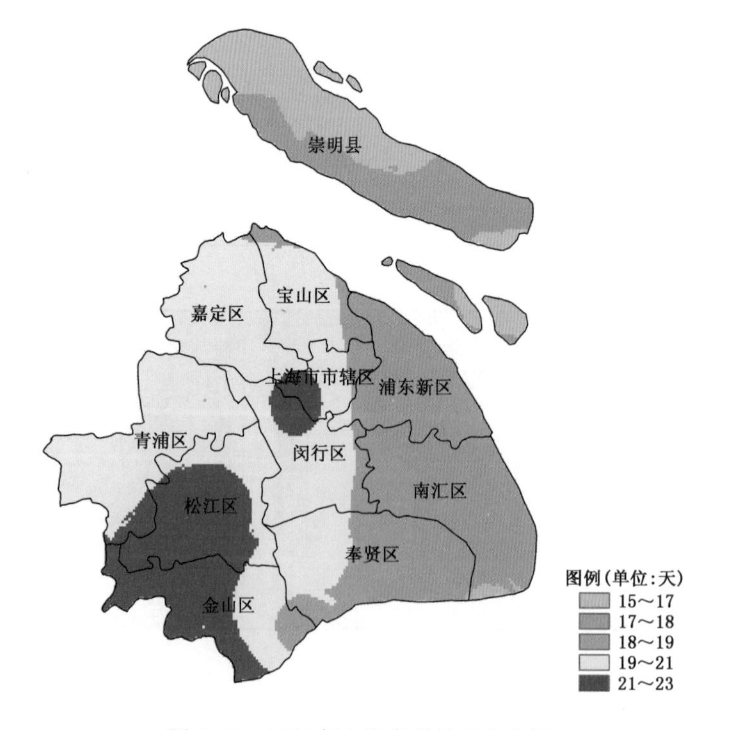

图 3.27　2014 年上海市雷暴日分布图

十、江苏省

2014 年江苏省共发生闪电 145 993 次，其中正闪 7 126 次，负闪 138 867 次，每月雷电次数见表 3.10 和图 3.28。由表和图可见，1 月无雷电活动，2 月开始出现雷电活动，3 月雷电活动频繁，4 月又有所减少，7—9 月是雷电高发期，10 月有少量雷电活动，11 月雷电活动再次增加，12 月仅有 1 次雷电活动。其中 8 月雷电活动次数最多，有 63966 次。

江苏省雷电密度分布如图 3.29 所示，高密度区集中在镇江、常州、无锡以及南京的部分地区，最高雷电密度为 22.25 次/(平方千米·年)，较 2013 年减少 2.25 次/(平方千米·年)。江苏省雷暴日分布如图 3.30 所示，年雷暴日数最高为 38 天，雷暴月数为 11 个月。

表 3.10　2014 年江苏省月雷电数统计表(单位:次)

月份	总闪数	正闪数	负闪数
1	0	0	0
2	11	1	10
3	14222	696	13526
4	1974	628	1346
5	314	100	214
6	1034	307	727
7	41013	2078	38935
8	63966	1629	62337
9	21376	1209	20167
10	6	3	3
11	2076	475	1601
12	1	0	1
合计	145993	7126	138867

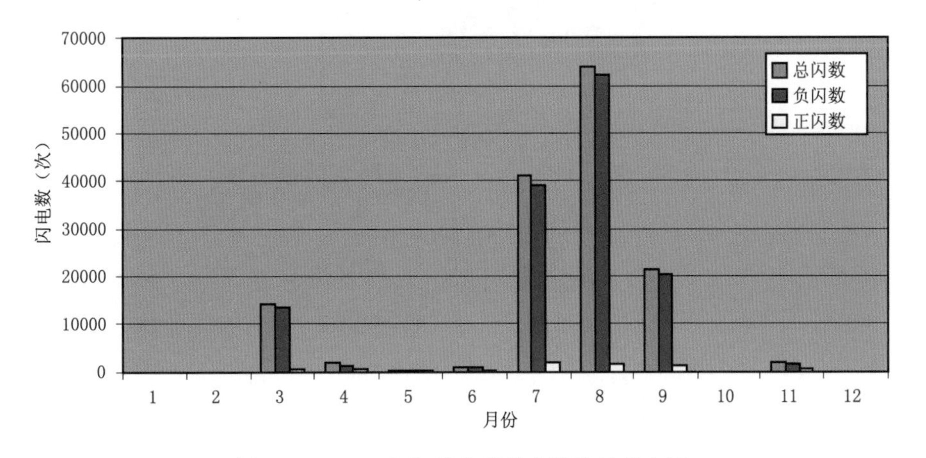

图 3.28　2014 年江苏省月雷电数统计直方图

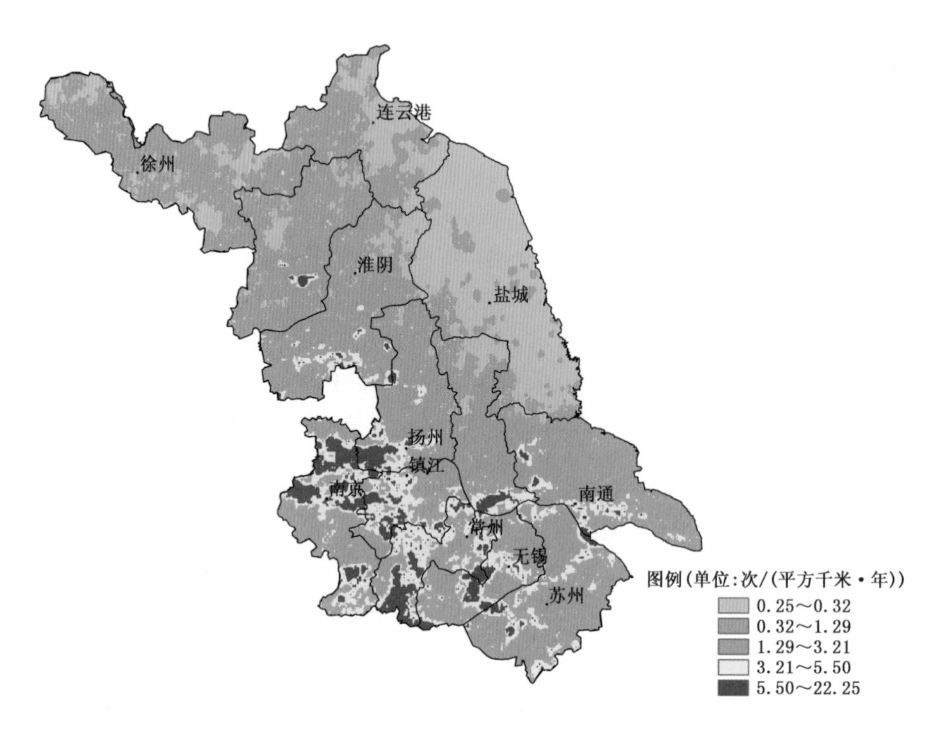

图 3.29　2014 年江苏省雷电密度分布图

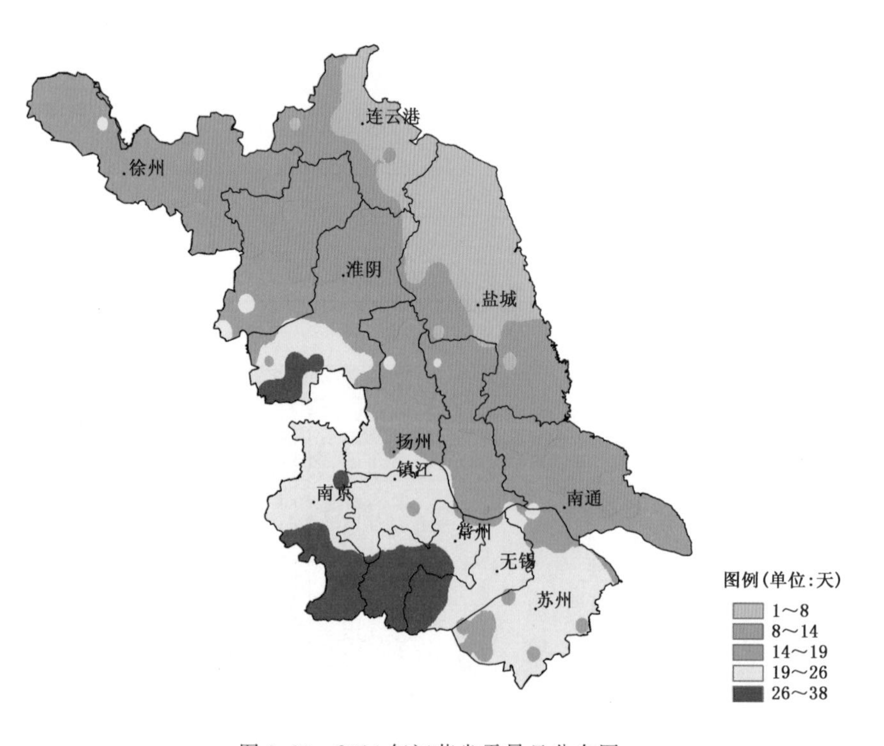

图 3.30　2014 年江苏省雷暴日分布图

十一、浙江省

2014年浙江省共发生闪电479 620次,其中正闪13 685次,负闪465 935次,每月雷电次数见表3.11和图3.31。由表和图可见,1月无雷电活动,2月开始出现雷电活动,3月雷电活动频繁,4月雷电活动出现下滑,5月雷电活动开始上升,7—9月是雷电活动高发期,其中7月份雷电活动次数最多,10—11月雷电活动骤然减少,12月仅有1次雷电活动。

浙江省雷电密度分布如图3.32所示,高密度区散布在全省各地区,主要集中在丽水、金华、温州、宁波和衢州等地区,最高雷电密度为57.50次/(平方千米·年)。浙江省雷暴日分布如图3.33所示,年雷暴日数最高为72天,较2013年增加了22天,雷暴月数为11个月。

表3.11 2014年浙江省月雷电数统计表(单位:次)

月份	总闪数	正闪数	负闪数
1	0	0	0
2	29	18	11
3	15768	1330	14438
4	1400	343	1057
5	3984	679	3305
6	15621	728	14893
7	180243	4178	176065
8	152089	3495	148594
9	109374	2531	106843
10	225	108	117
11	886	274	612
12	1	1	0
合计	479620	13685	465935

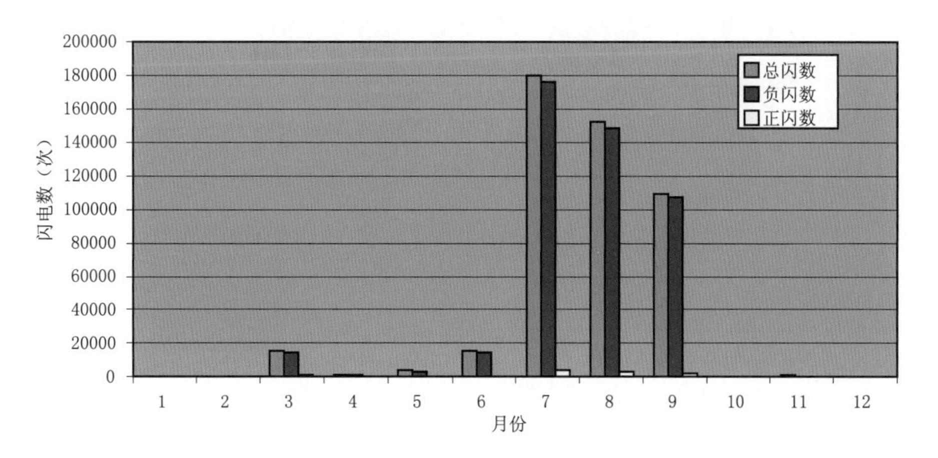

图3.31 2014年浙江省月雷电数统计直方图

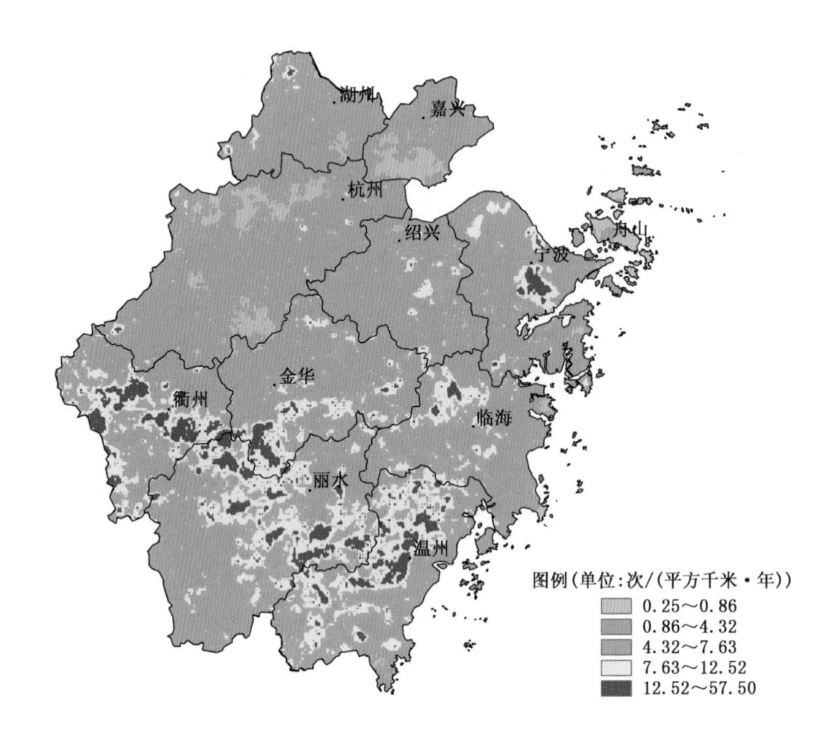

图 3.32 2014 年浙江省雷电密度分布图

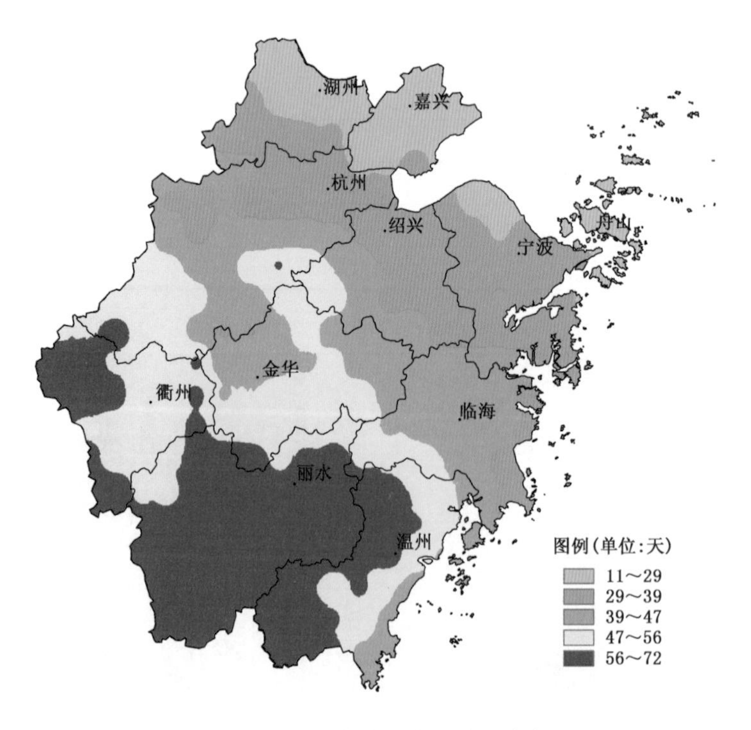

图 3.33 2014 年浙江省雷暴日分布图

十二、安徽省

2014 年安徽省共发生闪电 300 667 次，其中正闪 15 783 次，负闪 284 884 次，每月雷电次数见表 3.12 和图 3.34。由表和图可见，1—2 月开始有少量雷电活动，3 月和 7—9 月是雷电高发期，其中 7 月雷电活动次数最多，10—11 月有少量的雷电活动，12 月无雷电活动。

安徽省雷电密度分布如图 3.35 所示，高密度区主要分布在安徽省南部，而中西部和西北部地区雷电密度较低，高密度区集中在铜陵、池州、安庆、宣州和黄山等地区，最高雷电密度为 28.75 次/(平方千米 · 年)，较 2013 年减小 12.75 次/(平方千米 · 年)。安徽省雷暴日分布如图 3.36 所示，年雷暴日数最高为 58 天，比 2013 年增加 7 天，雷暴月数为 11 个月。

表 3.12　2014 年安徽省月雷电数统计表(单位:次)

月份	总闪数	正闪数	负闪数
1	2	1	1
2	8	2	6
3	25412	1829	23583
4	8274	2140	6134
5	1757	386	1371
6	6563	935	5628
7	115642	4942	110700
8	90410	2268	88142
9	48973	2083	46890
10	61	16	45
11	3565	1181	2384
12	0	0	0
总数	300667	15783	284884

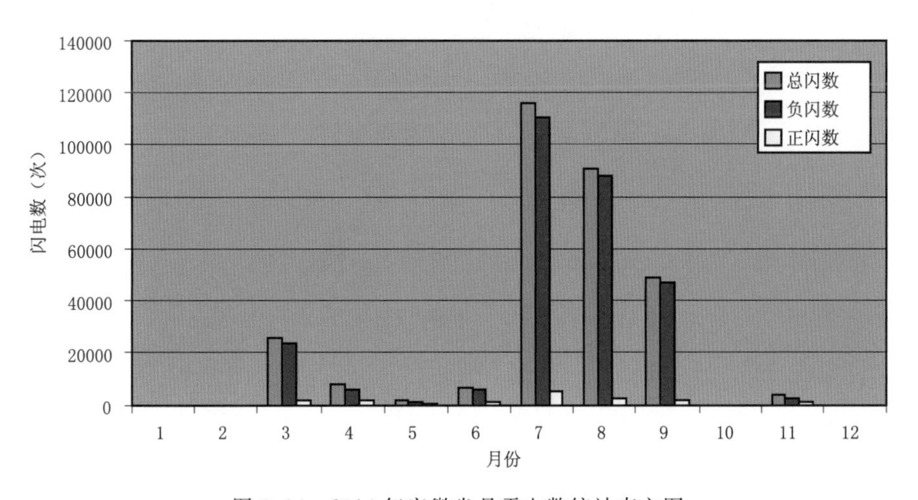

图 3.34　2014 年安徽省月雷电数统计直方图

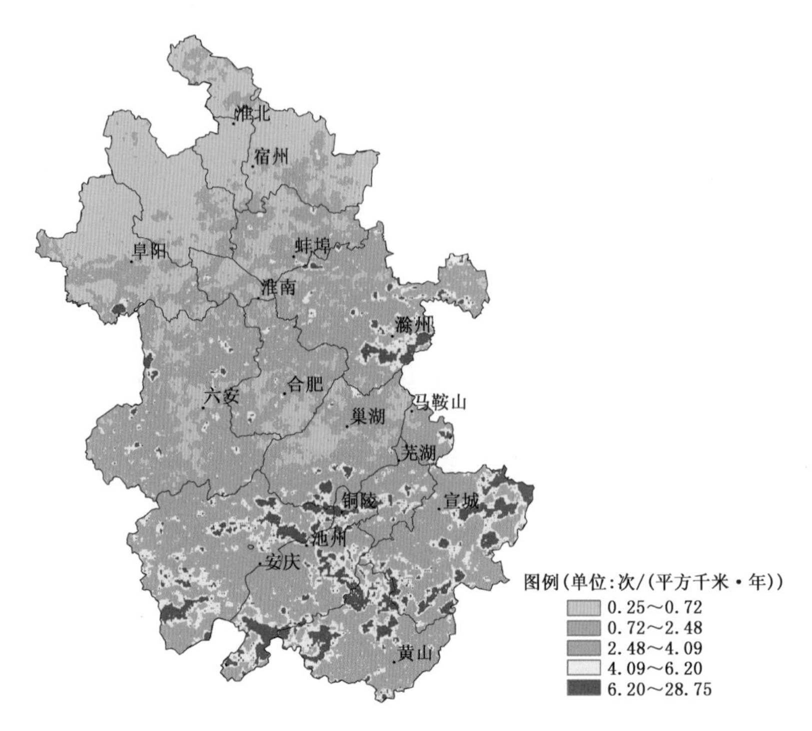

图 3.35　2014 年安徽省雷电密度分布图

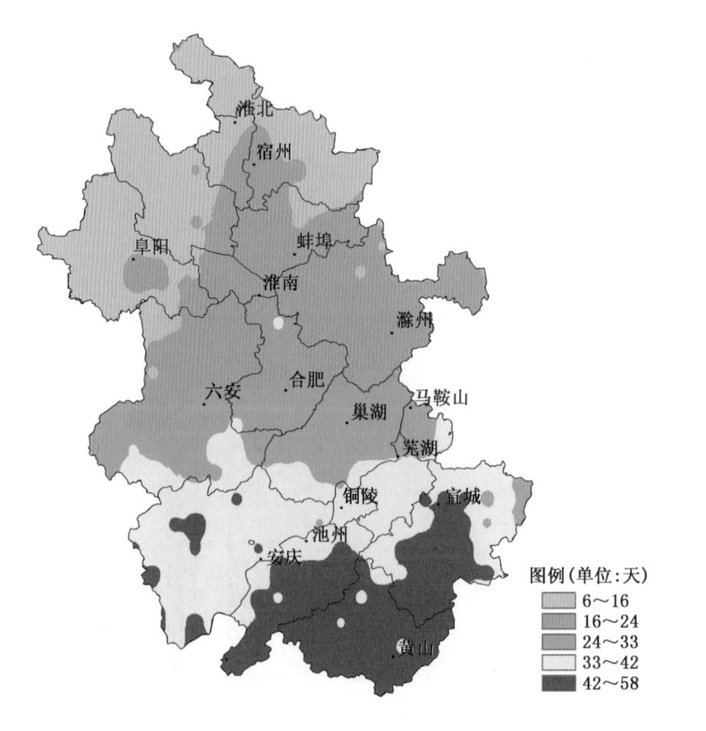

图 3.36　2014 年安徽省雷暴日分布图

十三、福建省

2014 年福建省共发生闪电 638 008 次,其中正闪 19 633 次,负闪 618 375 次,每月雷电次数见表 3.13 和图 3.37。由表和图可见,1—2 月开始有雷电活动,3—9 月是雷电高发期,其中 8 月雷电活动次数最多,10 月雷电活动明显减少,12 月仅有 1 次雷电活动。

福建省雷电密度分布如图 3.38 所示,高密度区集中在泉州、三明的大部、福州东北和西南部及莆田西部和北部等地区,最高雷电密度为 35.25 次/(平方千米·年),较 2013 年增加 8.85 次/(平方千米·年)。福建省雷暴日分布如图 3.39 所示,年雷暴日数最高为 91 天,较 2013 年增加 33 天,雷暴月数为 12 个月。

表 3.13　2014 年福建省月雷电数统计表(单位:次)

月份	总闪数	正闪数	负闪数
1	1	0	1
2	20	8	12
3	26531	2609	23922
4	14699	1729	12970
5	45552	2793	42759
6	107003	2669	104334
7	143291	2643	140648
8	203641	5595	198046
9	96674	1534	95140
10	529	27	502
11	66	25	41
12	1	1	0
合计	638008	19633	618375

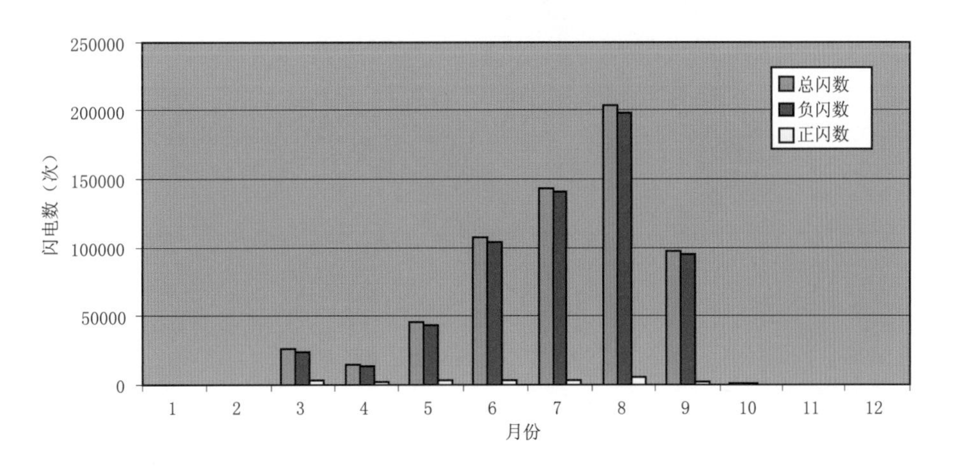

图 3.37　2014 年福建省月雷电数统计直方图

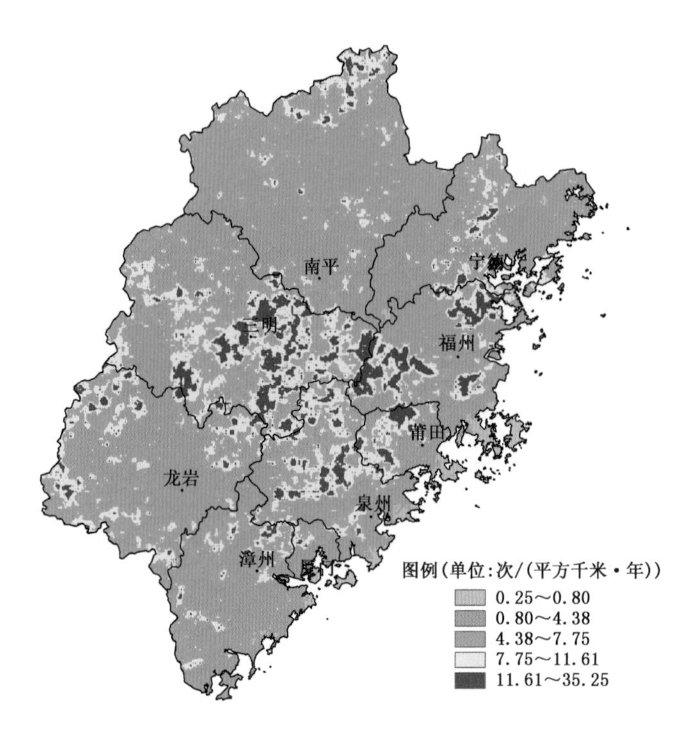

图 3.38　2014 年福建省雷电密度分布图

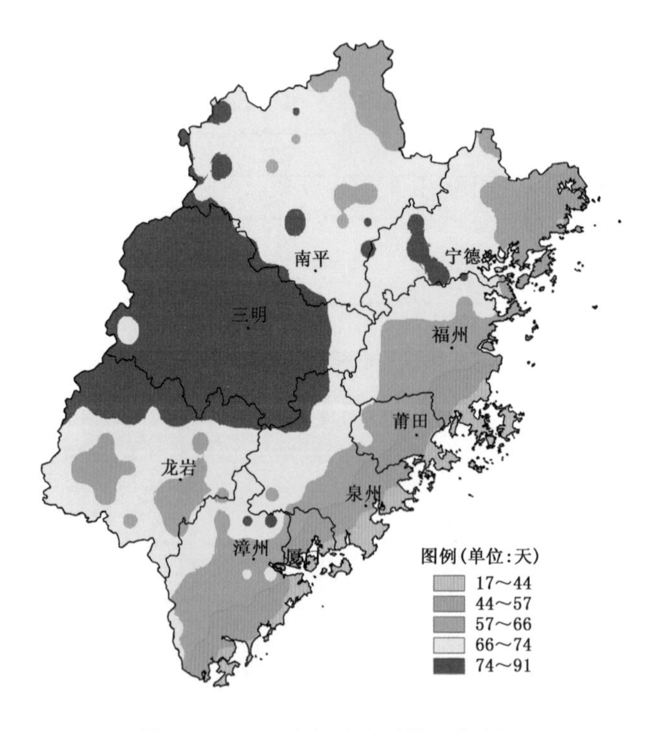

图 3.39　2014 年福建省雷暴日分布图

十四、江西省

2014年江西省共发生闪电904 647次，其中正闪23 937次，负闪880 710次，每月雷电发生次数见表3.14和图3.40。由表和图可见，1—2月雷电活动稀少，3—9月份为雷电高发期，其中7月份雷电活动最为频繁，10月雷电活动骤然减少，11月雷电活动再次增加，12月无雷电活动。

江西省雷电密度分布如图3.41所示，高密度区集中在江西省中部地区，东北部和西南部密度较低。高密度区集中在吉安、鹰潭和赣州等地区。最高雷电密度为35.00次/(平方千米·年)，较2013年减少2.75次/(平方千米·年)。江西省雷暴日分布如图3.42所示，年最高雷暴日数为89天，较2013年增加26天，雷暴月数为11个月。

表3.14　2014年江西省月雷电数统计表(单位:次)

月份	总闪数	正闪数	负闪数
1	1	0	1
2	68	36	32
3	54512	3631	50881
4	18287	1828	16459
5	67480	3368	64112
6	105305	2577	102728
7	314692	6236	308456
8	212674	3869	208805
9	129653	2006	127647
10	335	110	225
11	1640	276	1364
12	0	0	0
合计	904647	23937	880710

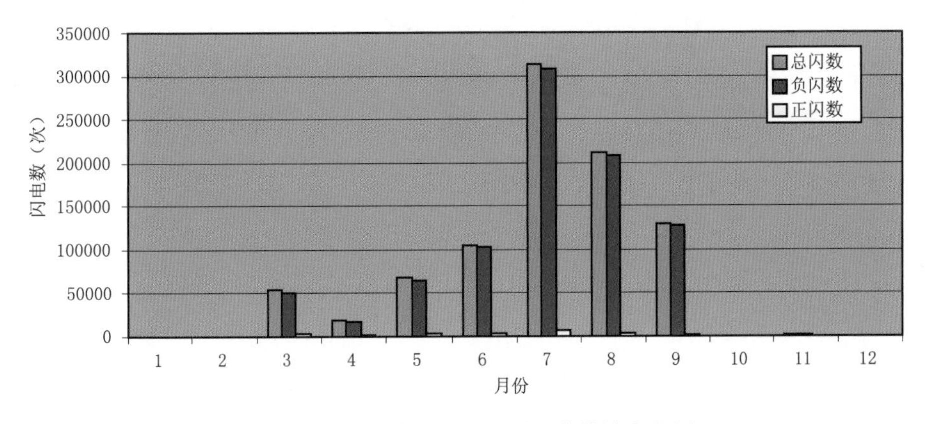

图3.40　2014年江西省月雷电数统计直方图

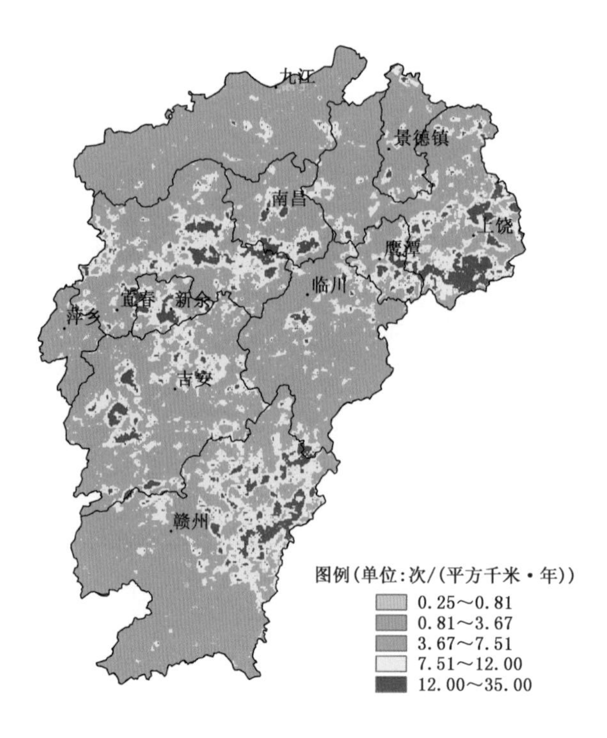

图 3.41　2014 年江西省雷电密度分布图

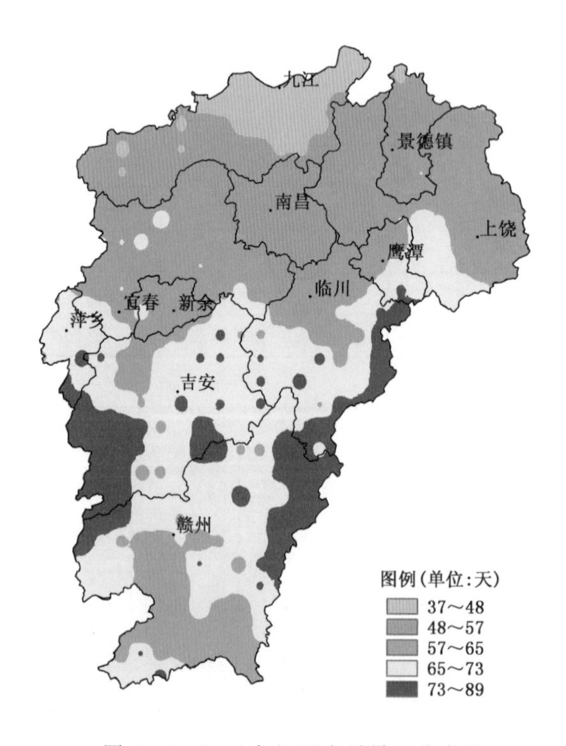

图 3.42　2014 年江西省雷暴日分布图

十五、山东省

2014 年山东省共发生闪电 57 266 次，其中正闪 7 654 次，负闪 49 612 次，每月雷电次数见表 3.15 和图 3.43。由表和图可见，1—2 月有少量雷电活动，3—5 月雷电活动逐渐增多，6—8 月是雷电高发期，其中 7 月雷电活动次数最多，9—12 月雷电活动逐渐减少。

山东省雷电密度分布如图 3.44 所示，中西部地区雷电密度明显高于东部地区。高密度区集中在滨州、菏泽、泰安和淄博等地区，最高雷电密度为 12.00 次/(平方千米·年)，比 2013 年减少 16.75 次/(平方千米·年)。山东省雷暴日分布如图 3.45 所示，年雷暴日数最高为 30 天，雷暴月数为 12 个月。

表 3.15　2014 年山东省月雷电数统计表(单位:次)

月份	总闪数	正闪数	负闪数
1	1	0	1
2	2	0	2
3	165	39	126
4	178	108	70
5	479	294	185
6	13399	2457	10942
7	23453	3765	19688
8	18606	687	17919
9	905	258	647
10	22	10	12
11	51	36	15
12	5	0	5
合计	57266	7654	49612

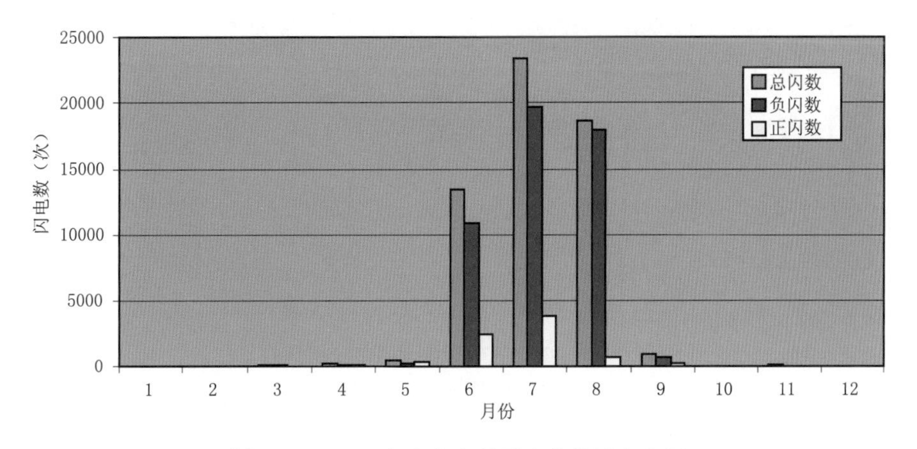

图 3.43　2014 年山东省月雷电数统计直方图

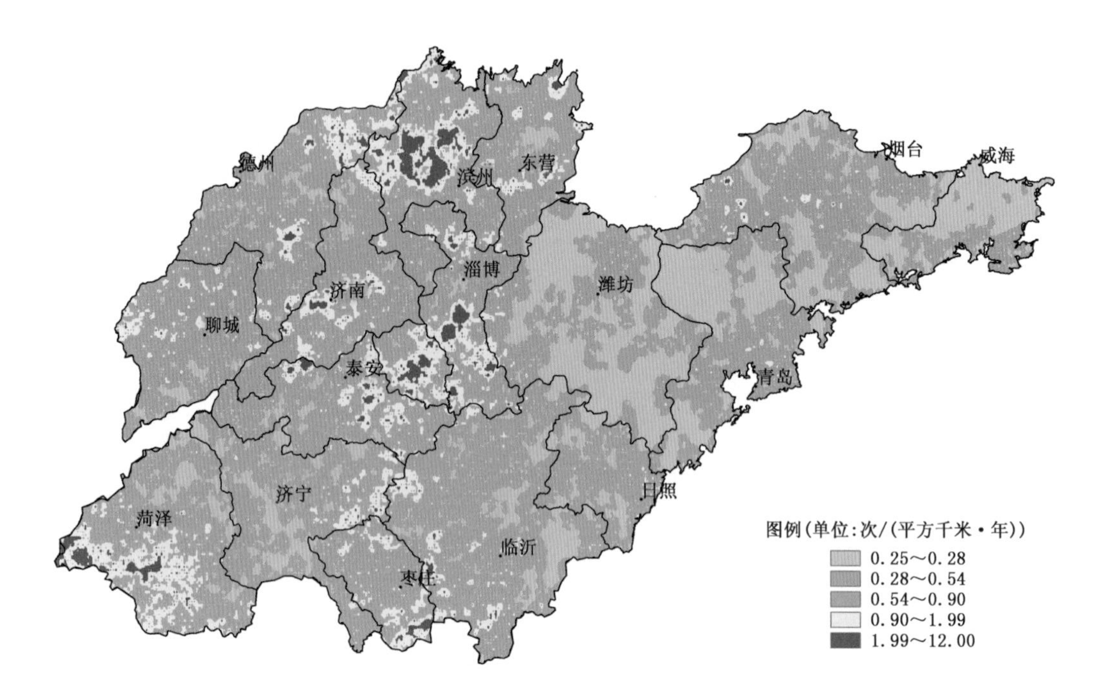

图 3.44　2014 年山东省雷电密度分布图

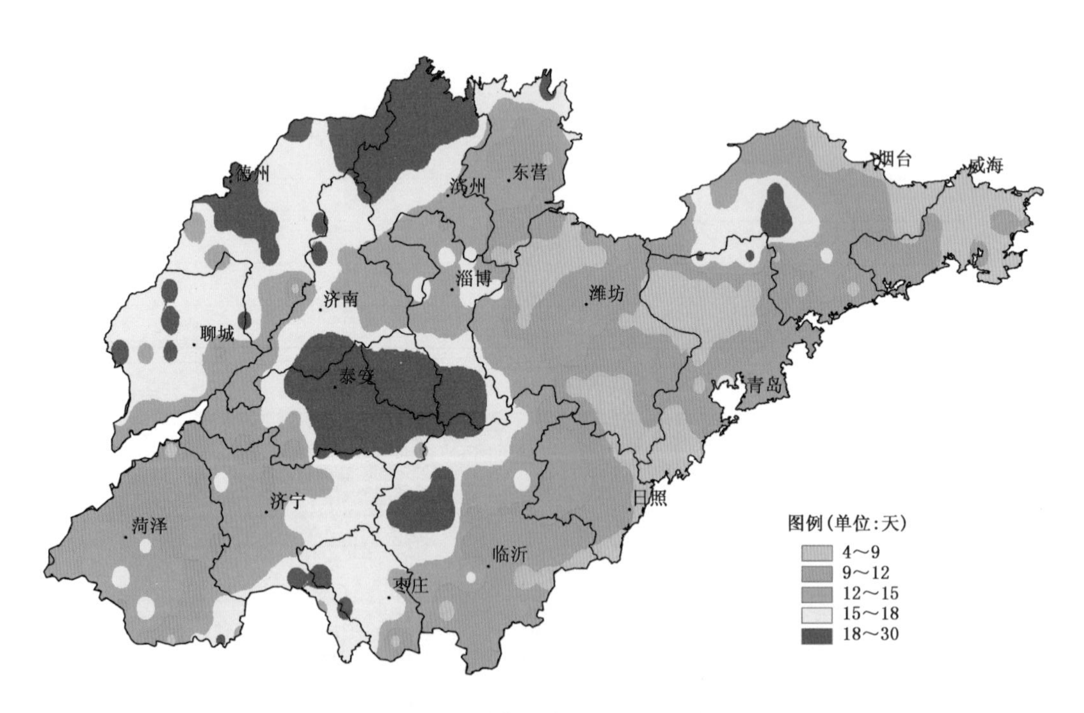

图 3.45　2014 年山东省雷暴日分布图

十六、河南省

2014年河南省共发生闪电131 280次,其中正闪9 550次,负闪121 730次。每月雷电次数见表3.16和图3.46。由表和图可见,1月没有雷电活动,2月有少量雷电活动,3月雷电活动明显增加,4—8月为雷电高发期,其中5月雷电活动较4月有所减少,7月雷电活动次数最高,9月雷电活动开始减少,11月只有少量雷电活动,12月无雷电活动。

河南省雷电密度分布如图3.47所示,高密度区分布比较均匀,最高雷电密度为17.50次/(平方千米·年),较2013年减少约21.75次/(平方千米·年)。河南省雷暴日分布如图3.48所示,年雷暴日数最高为29天,较2013年减少7天,雷暴月数为10个月。

表3.16　2014年河南省月雷电数统计表(单位:次)

月份	总闪数	正闪数	负闪数
1	0	0	0
2	25	2	23
3	6141	389	5752
4	11693	1546	10147
5	2063	210	1853
6	7276	782	6494
7	72524	5214	67310
8	29093	1136	27957
9	2376	229	2147
10	77	35	42
11	12	7	5
12	0	0	0
合计	131280	9550	121730

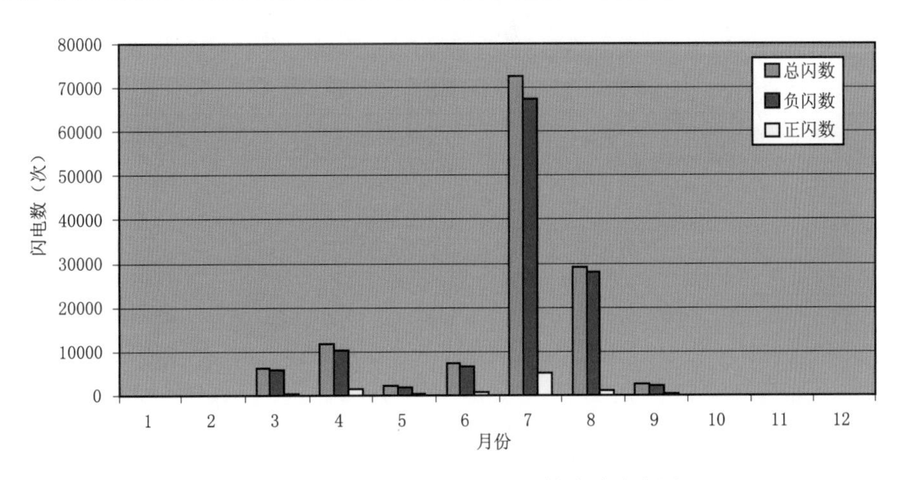

图3.46　2014年河南省月雷电数统计直方图

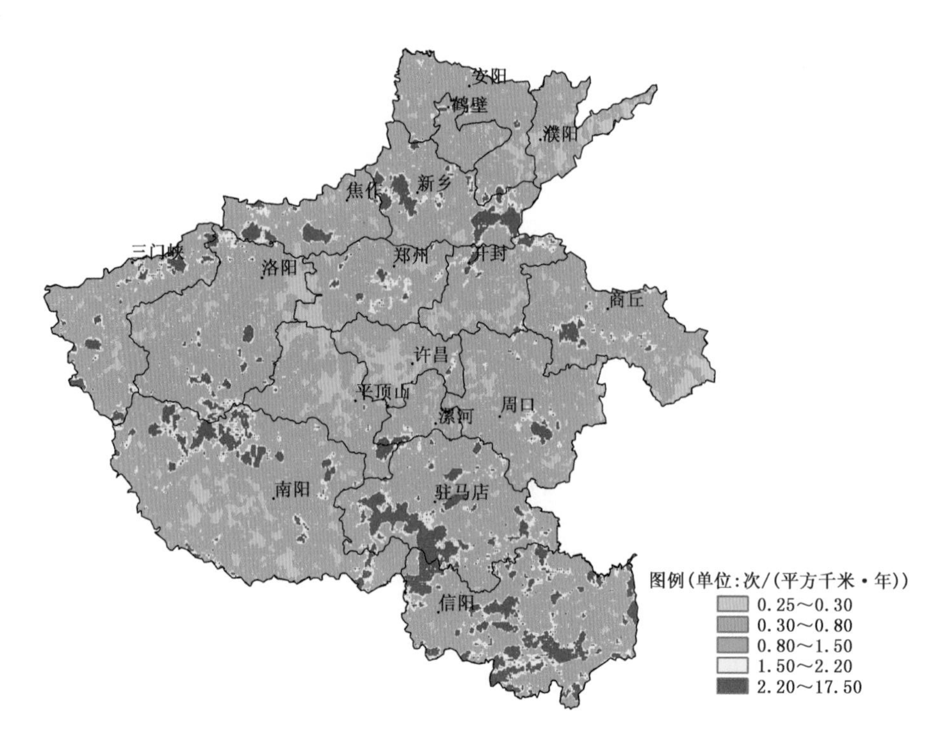

图 3.47　2014 年河南省雷电密度分布图

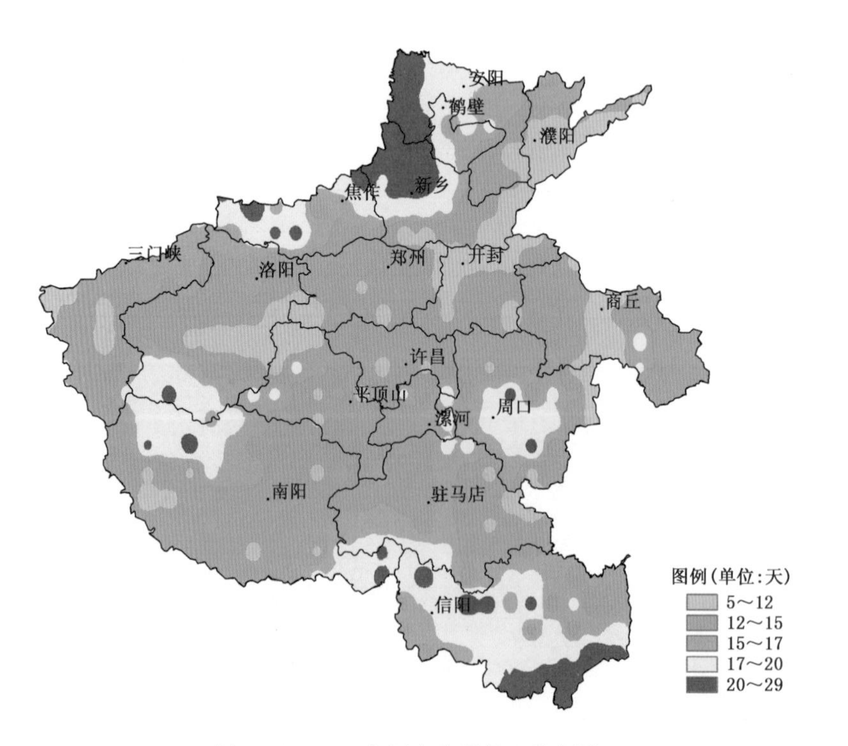

图 3.48　2014 年河南省雷暴日分布图

十七、湖北省

2014年湖北省共发生闪电320 447次,其中正闪16 388次,负闪304 059次,每月雷电次数见表3.17和图3.49。由表和图可见,1月开始有少量雷电活动,2月雷电活动增多,3—9月是雷电高发期,其中8月雷电活动次数最多,10月雷电活动开始减少,11月雷电活动再次增加,12月没有雷电活动。

湖北省雷电密度分布如图3.50所示,高密度区集中在湖北的东部地区,而低密度区主要在西部地区。最高雷电密度为35.00次/(平方千米·年),较2013年减少10.58次/(平方千米·年)。湖北省雷暴日分布如图3.51所示,年雷暴日数最高为56天,雷暴月数为11个月。

表3.17 2014年湖北省月雷电数统计表(单位:次)

月份	总闪数	正闪数	负闪数
1	6	3	3
2	332	47	285
3	28377	2033	26344
4	21319	3167	18152
5	6124	696	5428
6	16441	776	15665
7	96304	3315	92989
8	96588	3461	93127
9	51934	1822	50112
10	472	81	391
11	2550	987	1563
12	0	0	0
合计	320447	16388	304059

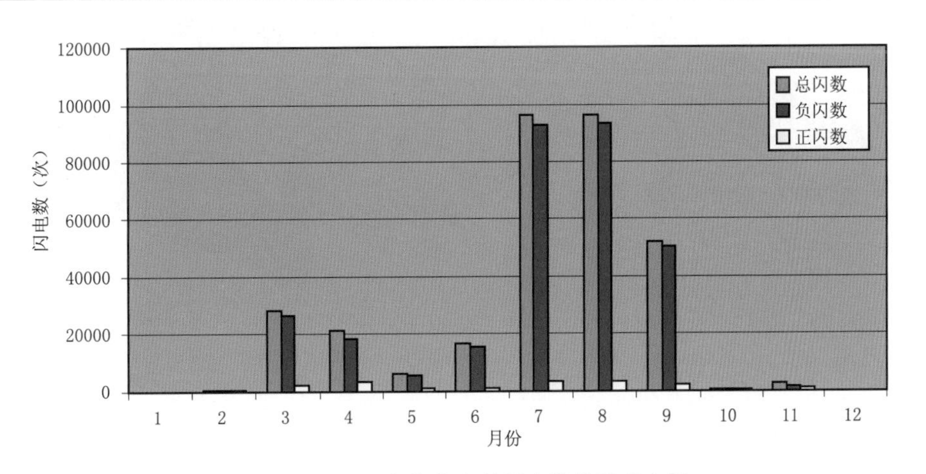

图3.49 2014年湖北省月雷电数统计直方图

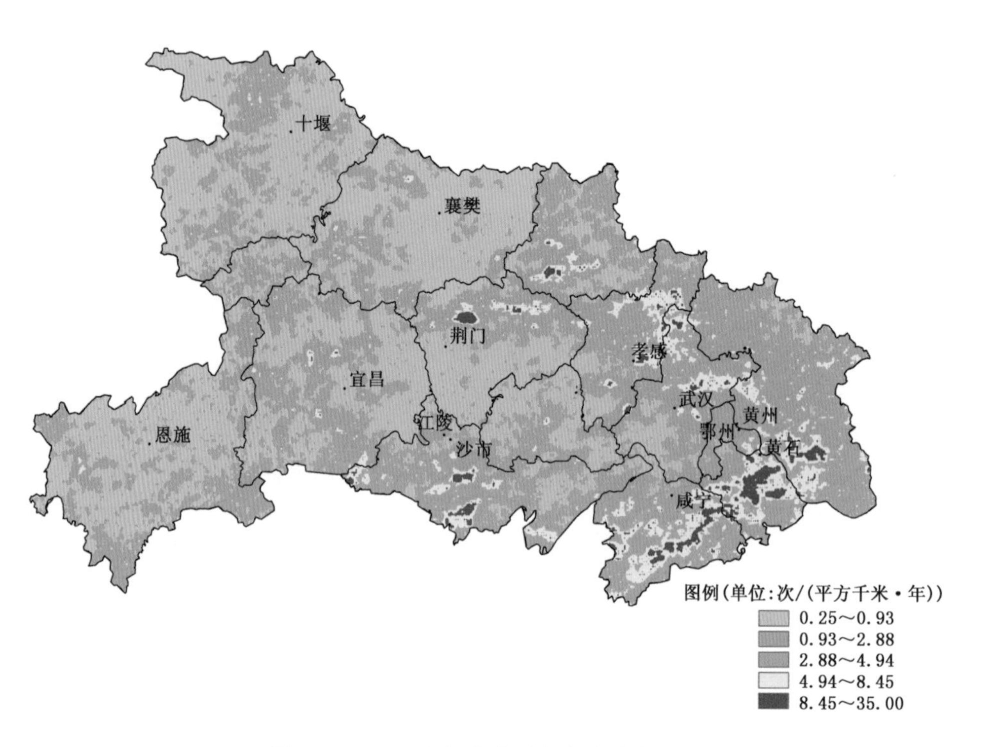

图 3.50　2014 年湖北省雷电密度分布图

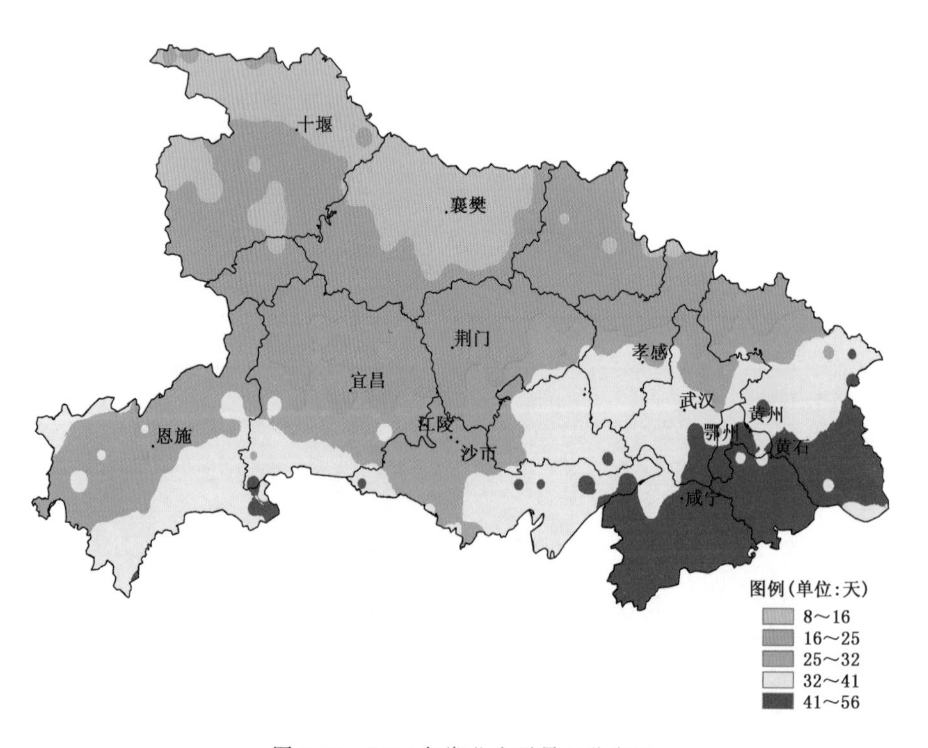

图 3.51　2014 年湖北省雷暴日分布图

十八、湖南省

2014年湖南省共发生闪电616 119次,其中正闪22 222次,负闪593 897次。每月雷电次数见表3.18和图3.52。由表和图可见,1月开始有少量雷电活动,2月雷电活动开始增多,3—9月为雷电高发期,其中7月雷电活动次数最高,10—11月雷电活动急剧减少,12月仅有2次雷电活动。

湖南省雷电密度分布如图3.53所示,高密度区分布在娄底、湘潭、长沙和益阳四市交界处和湖南东部等地区,最高雷电密度为34.50次/(平方千米·年)。湖南省雷暴日分布如图3.54所示,年雷暴日数最高为85天,较2013年增加28天,雷暴月数为12个月。

表3.18　2014年湖南省月雷电数统计表(单位:次)

月份	总闪数	正闪数	负闪数
1	15	10	5
2	425	164	261
3	55446	3498	51948
4	12521	1971	10550
5	48056	3355	44701
6	55453	2159	53294
7	266075	5576	260499
8	122618	2410	120208
9	52749	2205	50544
10	1250	373	877
11	1509	499	1010
12	2	2	0
合计	616119	22222	593897

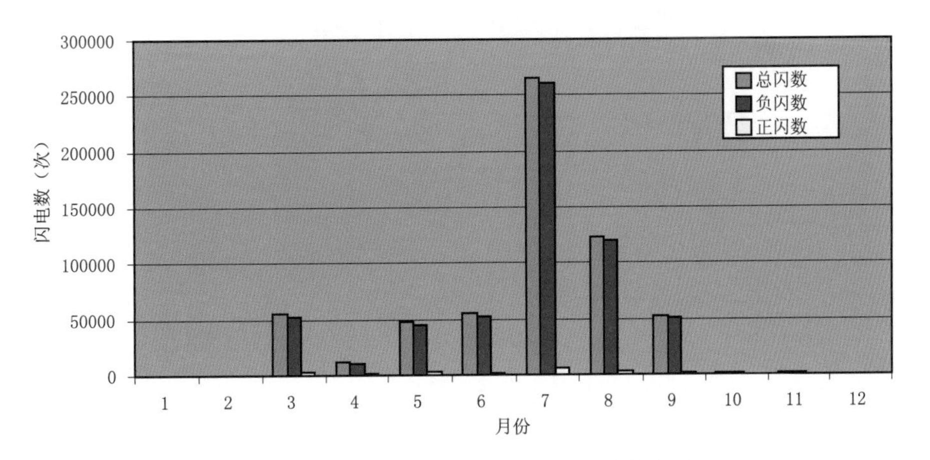

图3.52　2014年湖南省月雷电数统计直方图

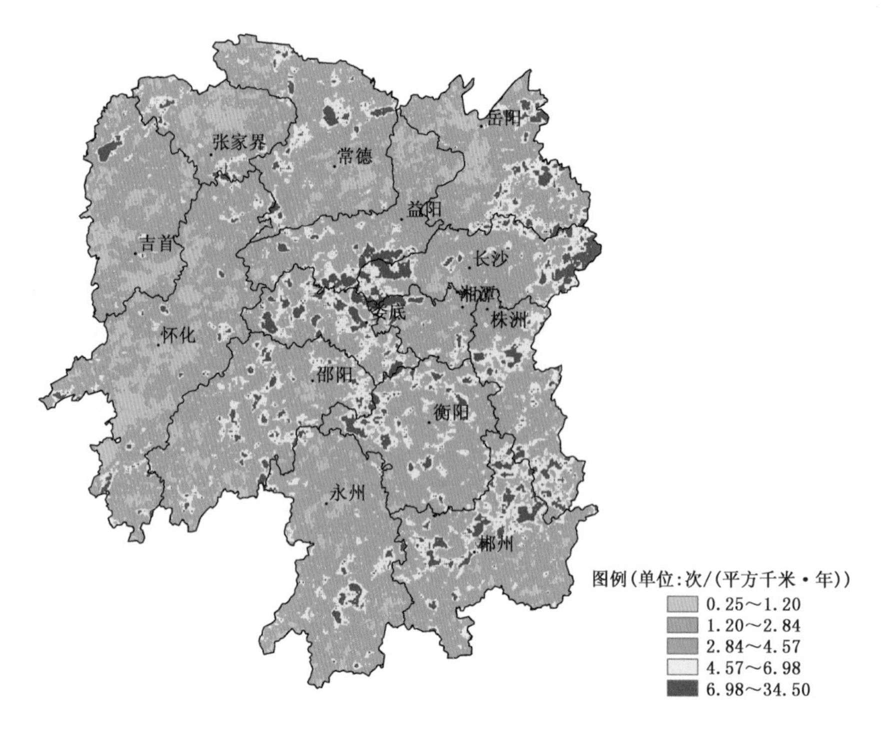

图 3.53 2014 年湖南省雷电密度分布图

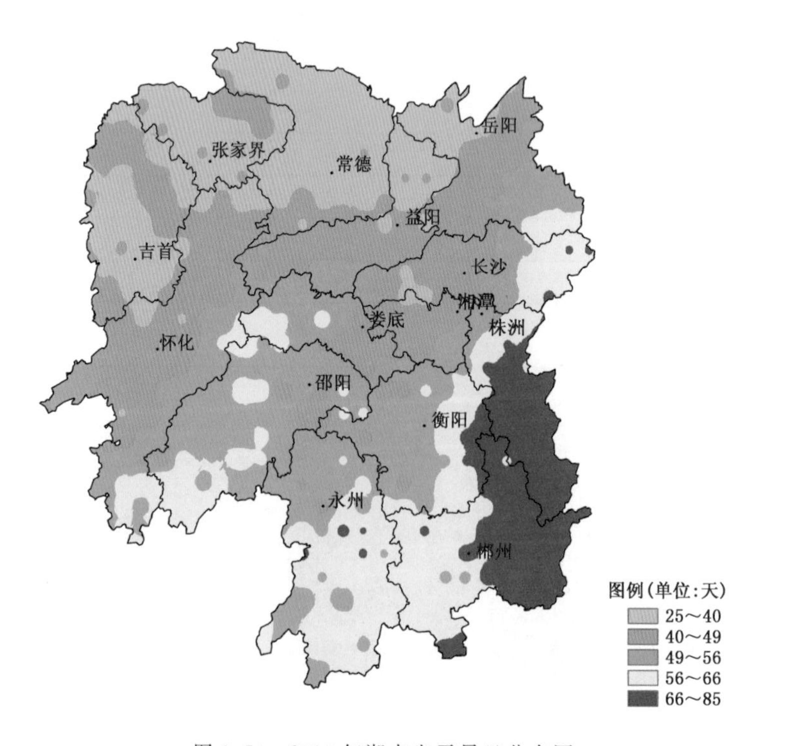

图 3.54 2014 年湖南省雷暴日分布图

十九、广东省

2014 年广东省共发生闪电 1 066 884 次，其中正闪 33 153 次，负闪 1 033 691 次，每月雷电次数见表 3.19 和图 3.55。由表和图可见，1—2 月有零星雷电活动，3—9 月是雷电高发期，其中 5 月雷电活动次数最多，10 月雷电活动骤然减少。

广东省雷电密度分布如图 3.56 所示，高密度区集中在中部，分布在广州、清远、肇庆和佛山等地区。最高雷电密度为 47.81 次/(平方千米·年)，较 2013 年增加了 11.81 次/(平方千米·年)。广东省雷暴日分布如图 3.57 所示，年雷暴日数最高为 93 天，雷暴月数为 12 个月。

表 3.19　2014 年广东省月雷电数统计表(单位:次)

月份	总闪数	正闪数	负闪数
1	1	1	0
2	5	2	3
3	70239	7147	63092
4	33855	3556	30299
5	255273	8447	246826
6	178353	4196	174157
7	245989	4065	241924
8	153516	2883	150633
9	117455	2738	114717
10	12146	110	12036
11	9	5	4
12	3	3	0
合计	1066844	33153	1033691

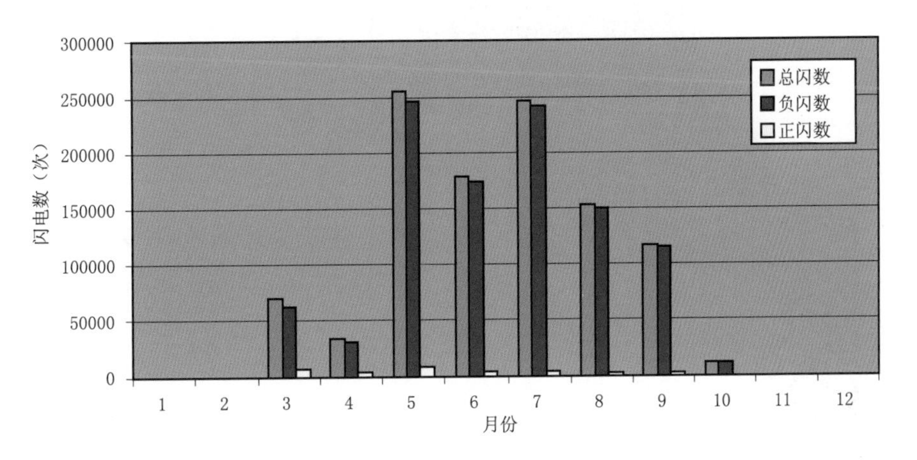

图 3.55　2014 年广东省月雷电数统计直方图

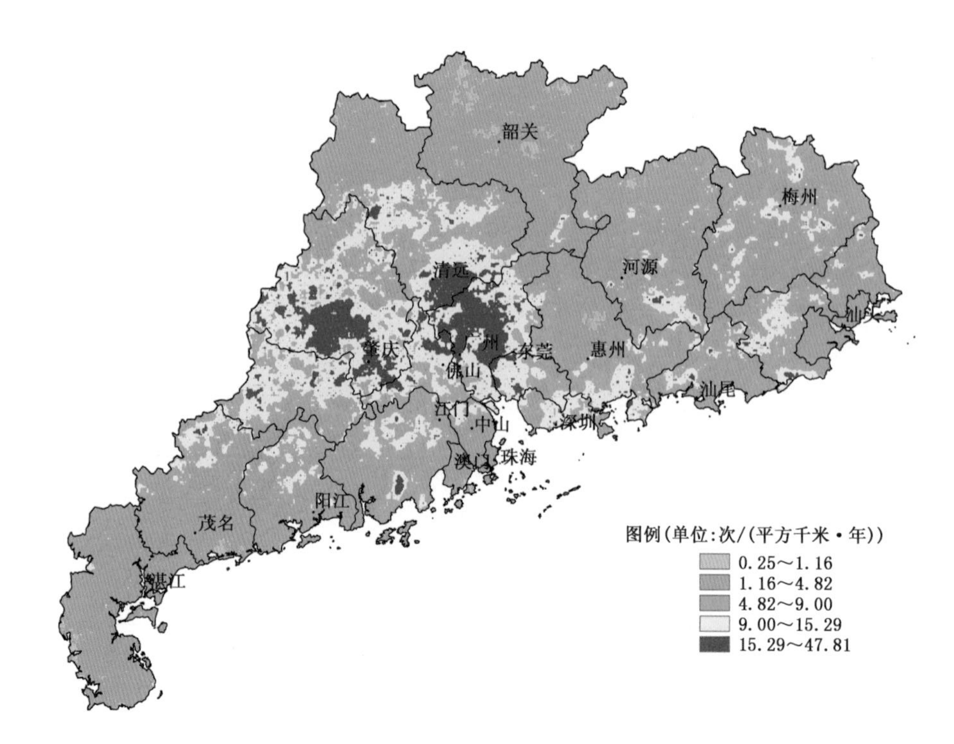

图 3.56　2014 年广东省雷电密度分布图

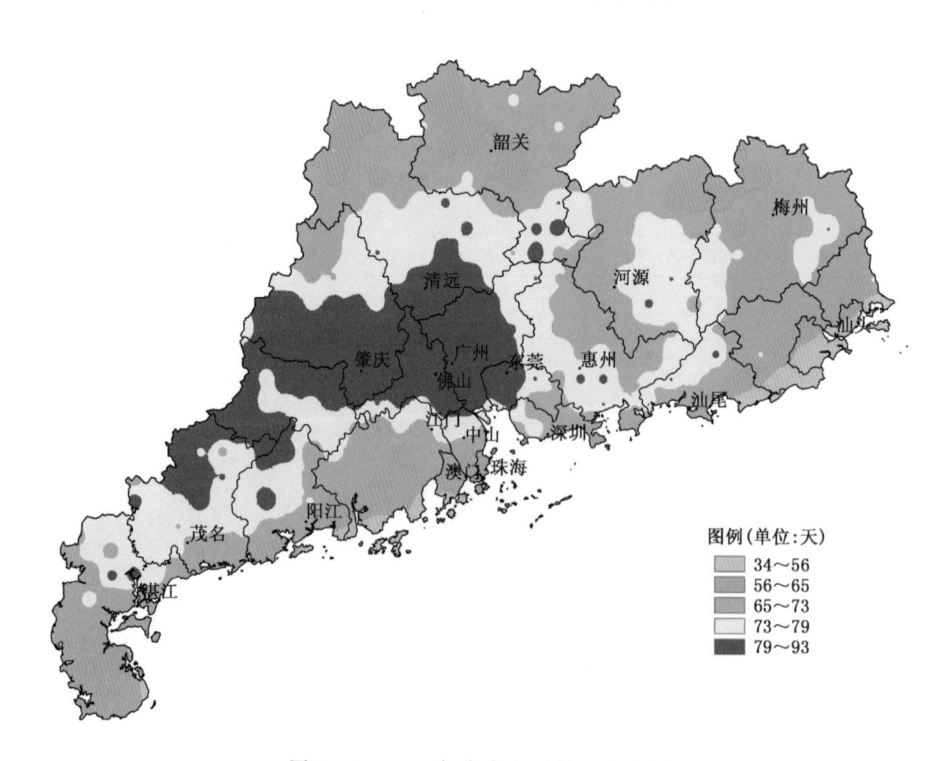

图 3.57　2014 年广东省雷暴日分布图

二十、广西壮族自治区

2014 年广西壮族自治区共发生闪电 826 215 次，其中正闪 33 575 次，负闪 792 640 次，每月雷电次数见表 3.20 和图 3.58。由表和图可见，1 月无雷电活动，2 月开始有少量雷电活动，3 月雷电活动明显增加，3—10 月是雷电高发期，其中 6 月份雷电活动次数最多，总闪数达到 225 302 次，11—12 月雷电活动逐渐减少。全年雷电总数较 2013 年有所增加。

广西壮族自治区雷电密度分布如图 3.59 所示，高密度区分布在梧州地区。最高雷电密度为 41.75 次/(平方千米·年)，较 2013 年增加约 5.5 次/(平方千米·年)。广西壮族自治区雷暴日分布如图 3.60 所示，年雷暴日数最高为 98 天，雷暴月数为 11 个月。

表 3.20　2014 年广西壮族自治区月雷电数统计表(单位:次)

月份	总闪数	正闪数	负闪数
1	0	0	0
2	2	1	1
3	62589	3967	58622
4	44125	4388	39737
5	125988	5630	120358
6	225302	8750	216552
7	182703	4639	178064
8	99369	2940	96429
9	72664	2537	70127
10	12835	708	12127
11	636	13	623
12	2	2	0
合计	826215	33575	792640

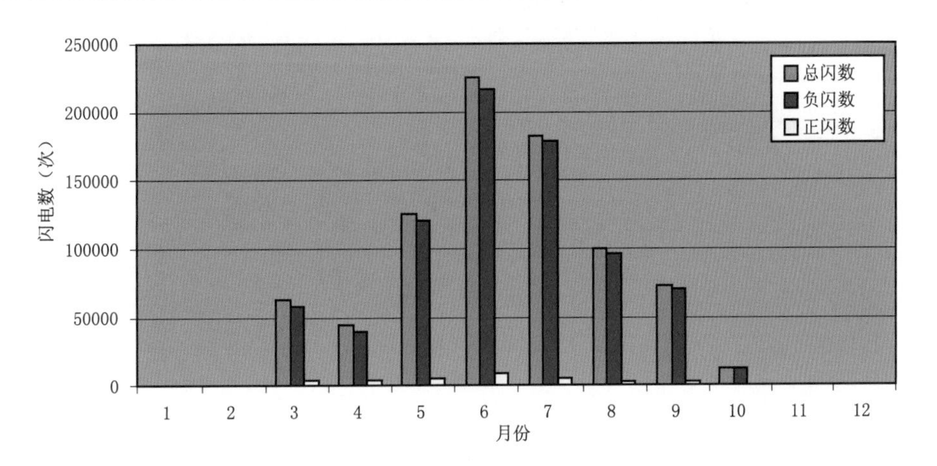

图 3.58　2014 年广西壮族自治区月雷电数统计直方图

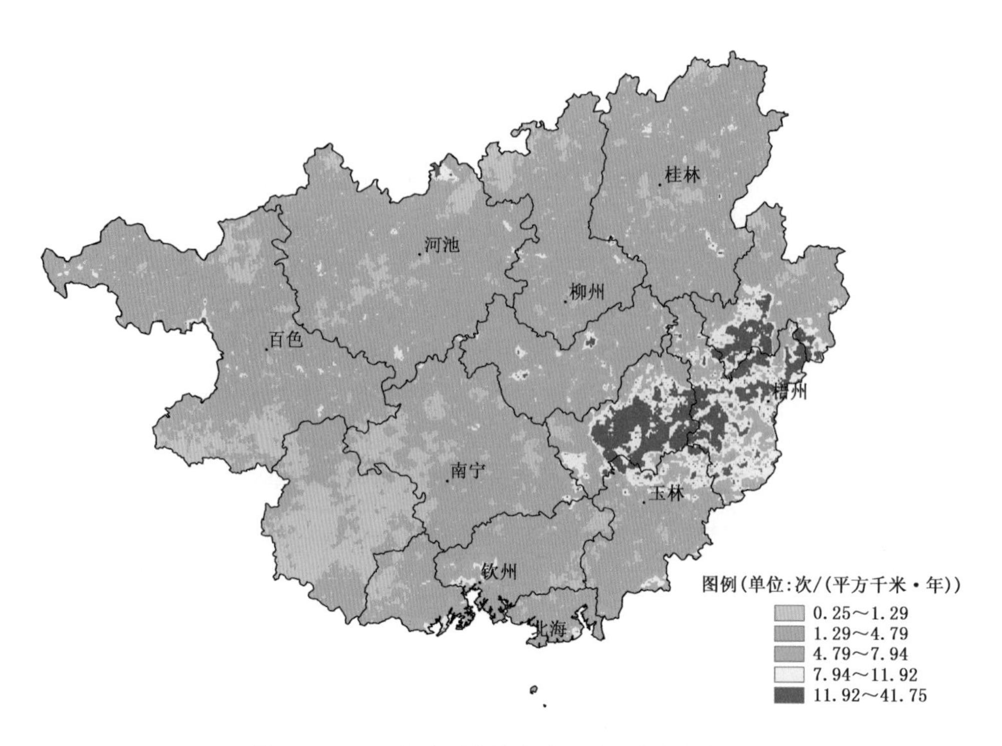

图 3.59　2014 年广西壮族自治区雷电密度分布图

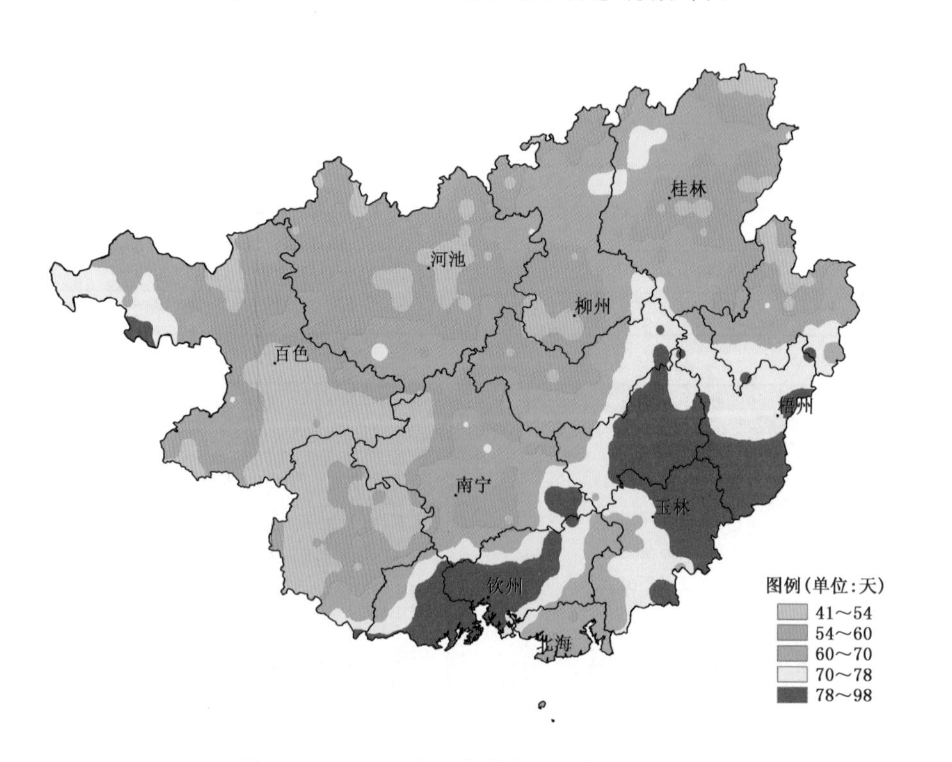

图 3.60　2014 年广西壮族自治区雷暴日分布图

二十一、海南省

2014 年海南省共发生闪电 139 597 次，其中正闪 6 051 次，负闪 133 546 次，每月雷电发生次数见表 3.21 和图 3.61。由表和图可见，1—2 月无雷电活动，3 月有零星雷电活动，4 月雷电活动明显增多，4—10 月是雷电活动高发期，其中 7 月雷电活动次数最多，10 月雷电活动逐渐减少，11 月有零星雷电活动，12 月无雷电活动。

海南省雷电密度分布如图 3.62 所示，高密度区集中在海南岛的中北部地区，最高雷电密度为 33.25 次/(平方千米·年)，比 2013 年增加 5 次/(平方千米·年)。海南省雷暴日分布如图 3.63 所示，年雷暴日数最高为 104 天，较 2013 年增加 5 天，雷暴月数为 9 个月。

表 3.21　2014 年海南省月雷电数统计表(单位:次)

月份	总闪数	正闪数	负闪数
1	0	0	0
2	0	0	0
3	4	1	3
4	8280	507	7773
5	20088	299	19789
6	17116	701	16415
7	32574	2095	30479
8	28963	1094	27869
9	27326	1191	26135
10	5243	162	5081
11	3	1	2
12	0	0	0
合计	139597	6051	133546

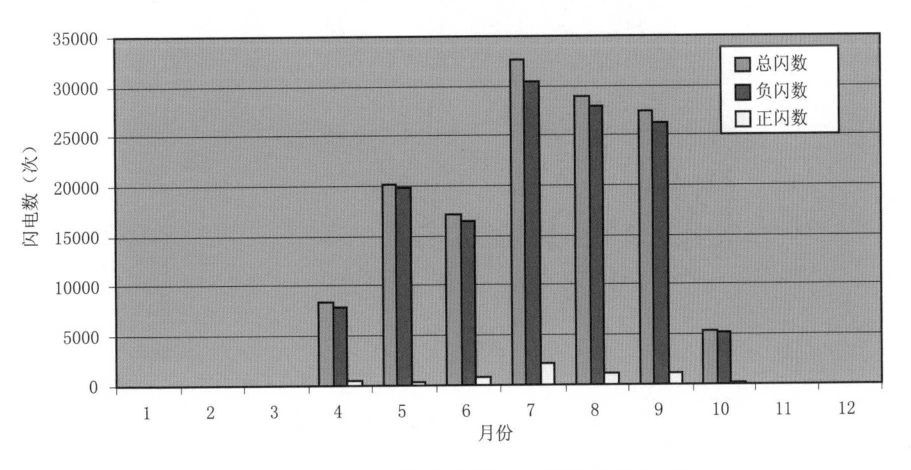

图 3.61　2014 年海南省月雷电数统计直方图

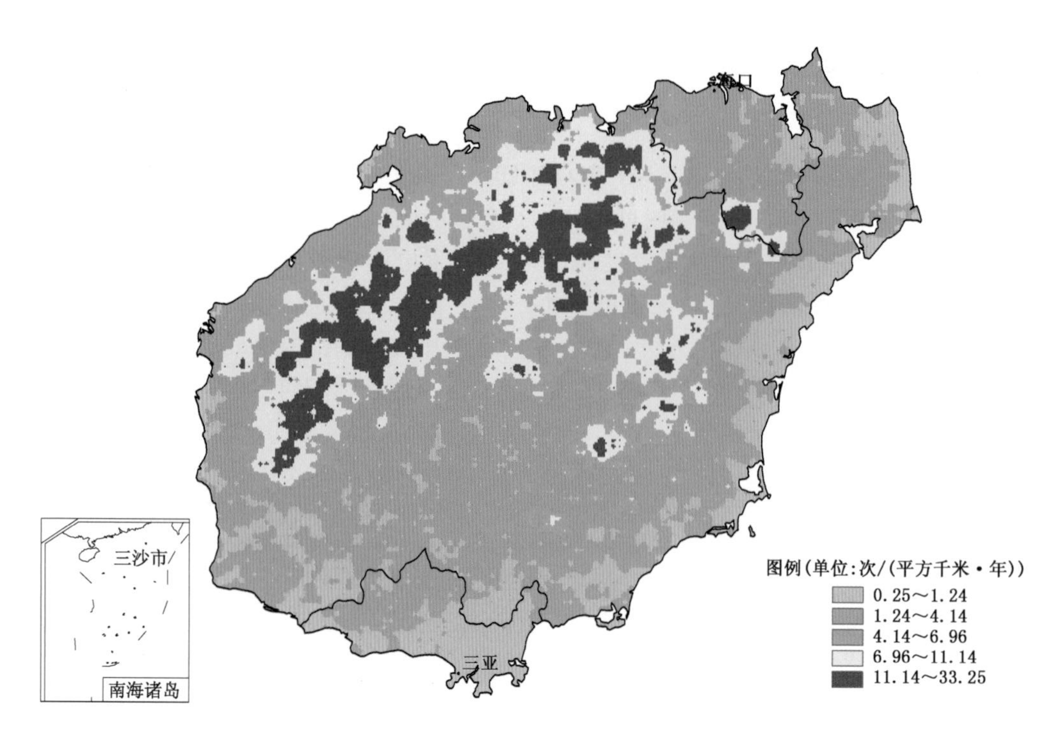

图 3.62　2014 年海南省雷电密度分布图

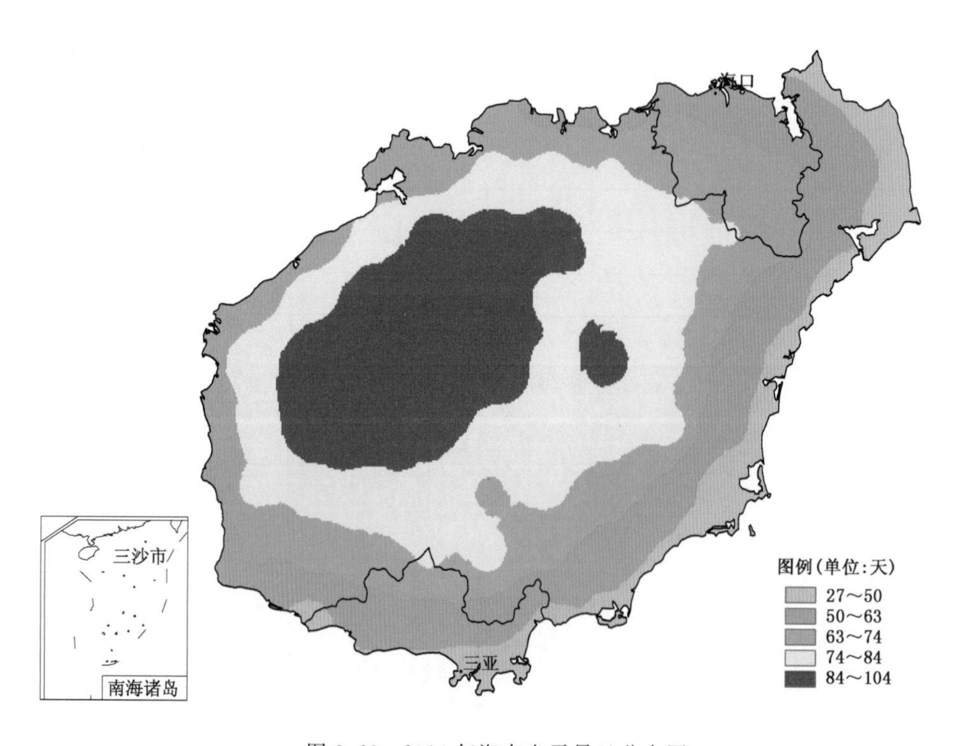

图 3.63　2014 年海南省雷暴日分布图

二十二、重庆市

2014 年重庆市共发生闪电 146 808 次，其中正闪 8 295 次，负闪 138 513 次，每月雷电次数见表 3.22 和图 3.64。由表和图可见，1 月有零星雷电活动，2 月雷电活动逐渐增多，3—9 月是雷电高发期，其中 8 月雷电活动次数最多。10 月仍有较多雷电活动，但比雷电高发期数量明显减少，11—12 月有零星雷电活动。

重庆市雷电密度分布如图 3.65 所示，高密度区较 2013 年减少，集中在重庆市西南部和中西部地区，最高雷电密度为 20.50 次/(平方千米・年)，较 2013 年减少 4 次/(平方千米・年)。此外，中东部地区存在一些零散的高值区。重庆市雷暴日分布如图 3.66 所示，年雷暴日数最高为 50 天，较 2013 年减少 5 天，雷暴月数为 12 月。

表 3.22　2014 年重庆市月雷电数统计表(单位:次)

月份	总闪数	正闪数	负闪数
1	3	1	2
2	91	2	89
3	13099	1189	11910
4	19931	1331	18600
5	4724	472	4252
6	6083	237	5846
7	24379	692	23687
8	41756	1185	40571
9	34608	2599	32009
10	1861	446	1415
11	272	141	131
12	1	0	1
合计	146808	8295	138513

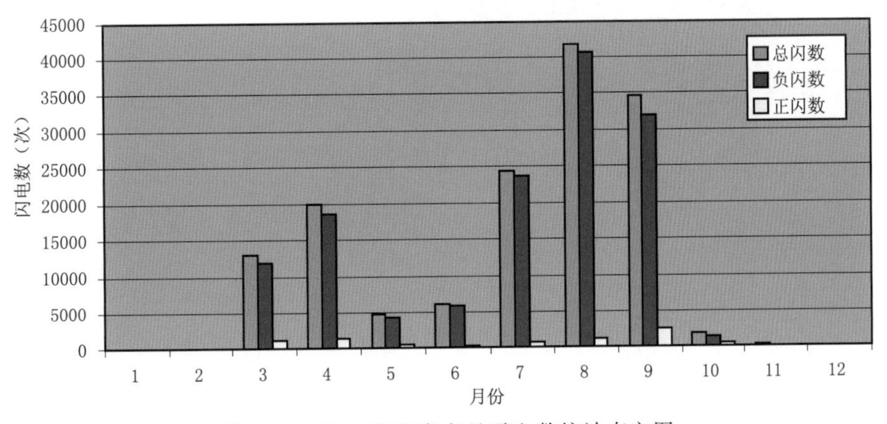

图 3.64　2014 年重庆市月雷电数统计直方图

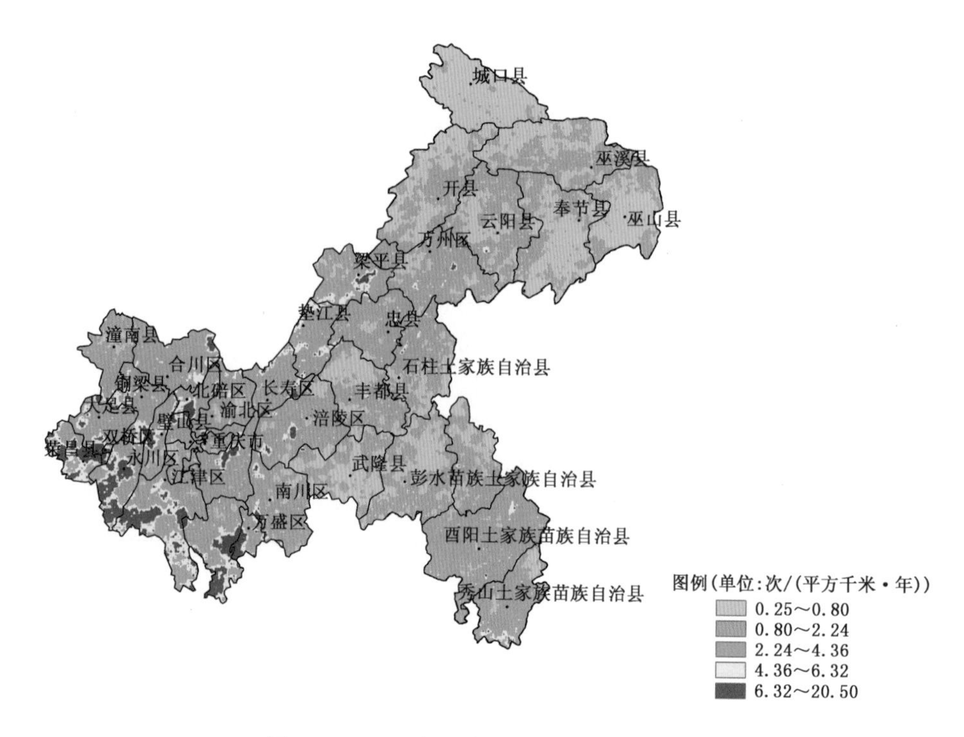

图 3.65　2014 年重庆市雷电密度分布图

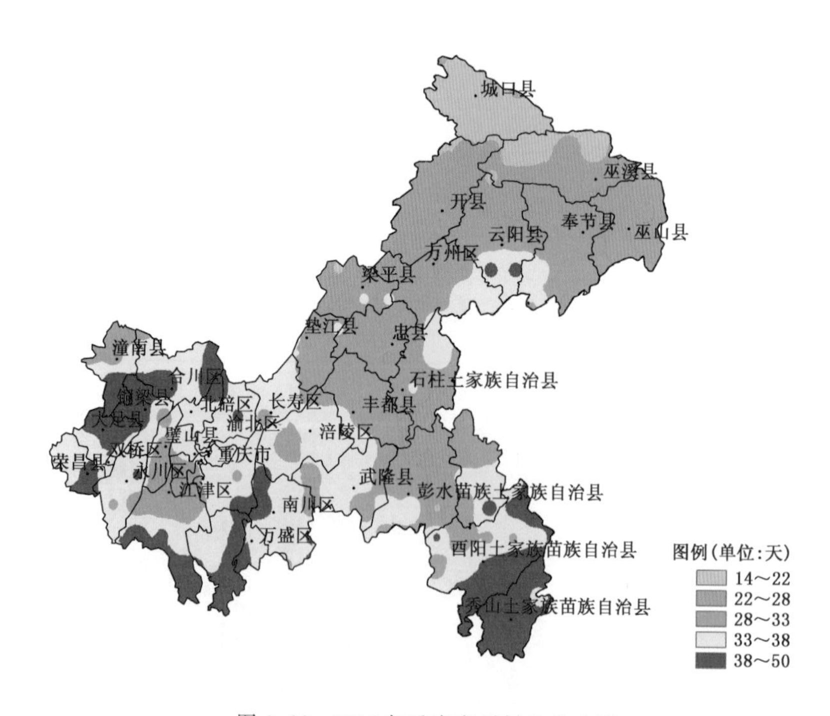

图 3.66　2014 年重庆市雷暴日分布图

二十三、四川省

2014年四川省共发生闪电479 371次，其中正闪29 846次，负闪449 525。每月雷电次数见表3.23和3.67。由表和图可见，1—2月开始有少量雷电活动，3—10月是雷电高发期，其中7月雷电活动次数最多，达到169 647次，11—12月仅有少量的雷电活动。

四川省雷电密度分布如图3.68所示，高密度区主要集中在东部地区，最高雷电密度为23.75次/(平方千米·年)，较2013年最高雷电密度减少38.75次/(平方千米·年)。四川省雷暴日分布如图3.69，年雷暴日数最高为74天，较2013年减少了17天，雷暴月数为12个月。

表3.23　2011年四川省月雷电数统计表(单位:次)

月份	总闪数	正闪数	负闪数
1	11	3	8
2	50	23	27
3	14413	1146	13267
4	29955	2038	27917
5	14308	1846	12462
6	62485	5639	56846
7	169647	6272	163375
8	73018	3925	69093
9	99398	5953	93445
10	15956	2971	12985
11	128	30	98
12	2	0	2
合计	479371	29846	449525

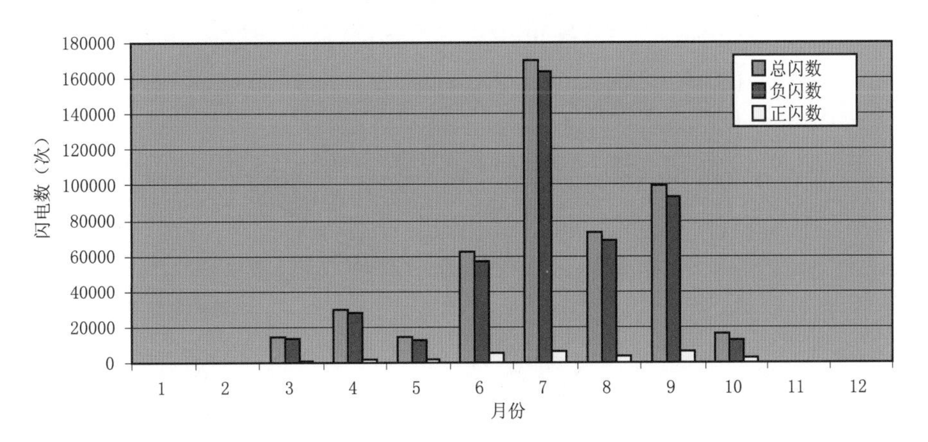

图3.67　2014年四川省月雷电数统计直方图

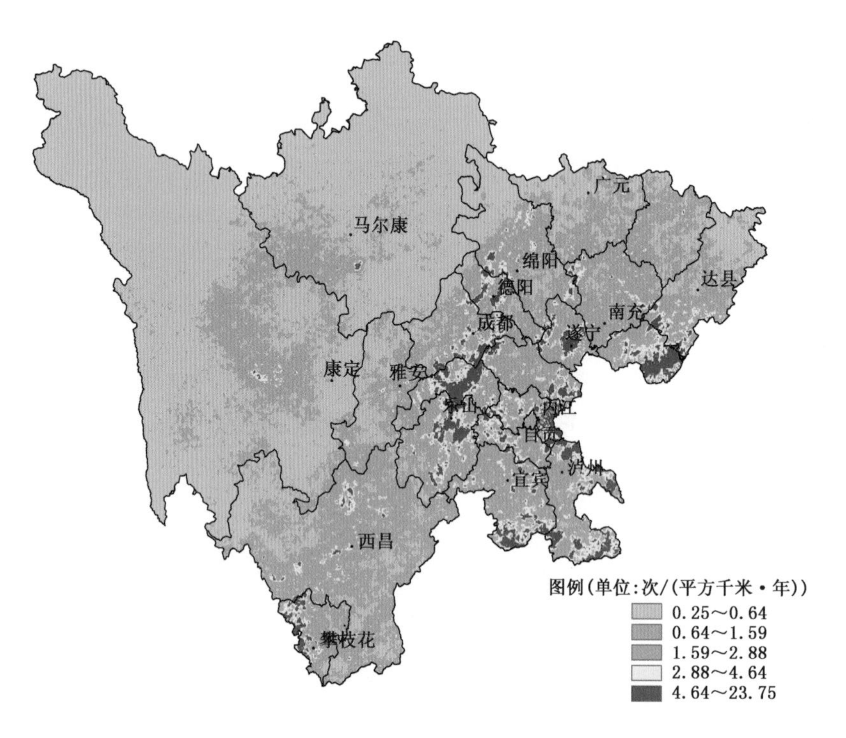

图 3.68　2014 年四川省雷电密度分布图

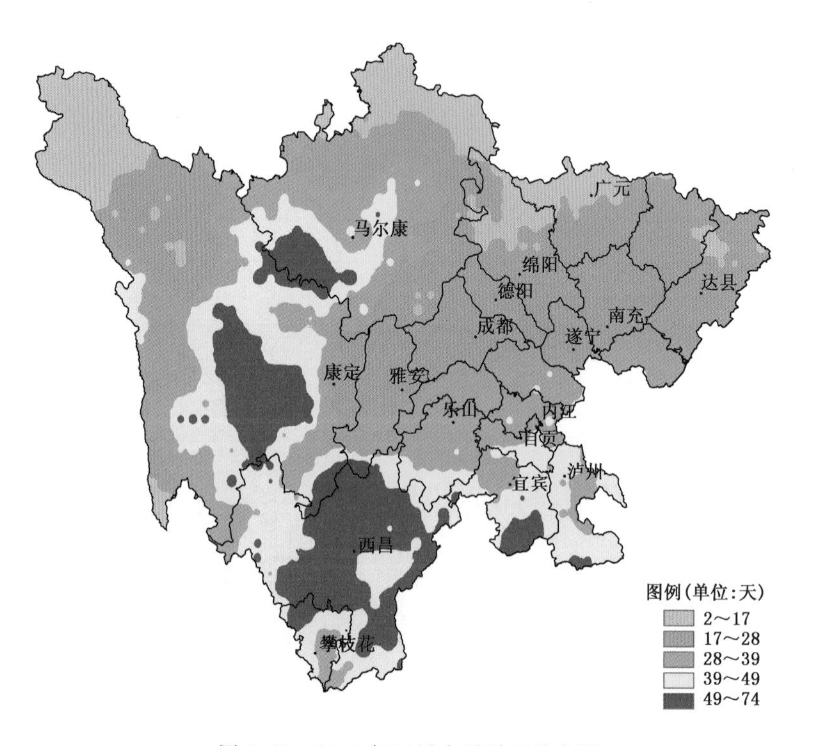

图 3.69　2014 年四川省雷暴日分布图

二十四、贵州省

2014 年贵州省共发生闪电 425 071 次，其中正闪 22 759 次，负闪 402 312 次。每月雷电次数见表 3.24 和图 3.70。由表和图可见，1—2 月开始有少量雷电活动，3—10 月是雷电高发期，6 月雷电活动次数最多，11 月雷电活动骤然减少，12 月没有雷电活动。

贵州省雷电密度分布如图 3.71 所示，高密度区主要在遵义、兴义和六盘水等地区，最高雷电密度为 29.13 次/(平方千米 · 年)，较 2013 年增加约 0.38 次/(平方千米 · 年)。贵州省雷暴日分布如图 3.72 所示，年雷暴日数最高为 85 天，比 2013 年增加 4 天，雷暴月数为 11 个月。

表 3.24 2011 年贵州省月雷电数统计表(单位:次)

月份	总闪数	正闪数	负闪数
1	2	1	1
2	9	5	4
3	40405	3701	36704
4	22957	2002	20955
5	36436	2864	33572
6	97989	4884	93105
7	76420	2321	74099
8	91625	2864	88761
9	41918	2100	39818
10	17188	1958	15230
11	122	59	63
12	0	0	0
合计	425071	22759	402312

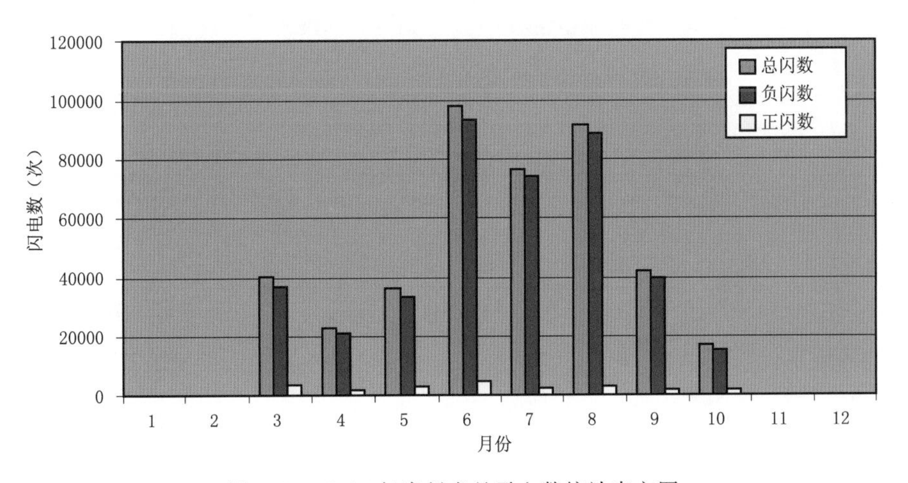

图 3.70 2014 年贵州省月雷电数统计直方图

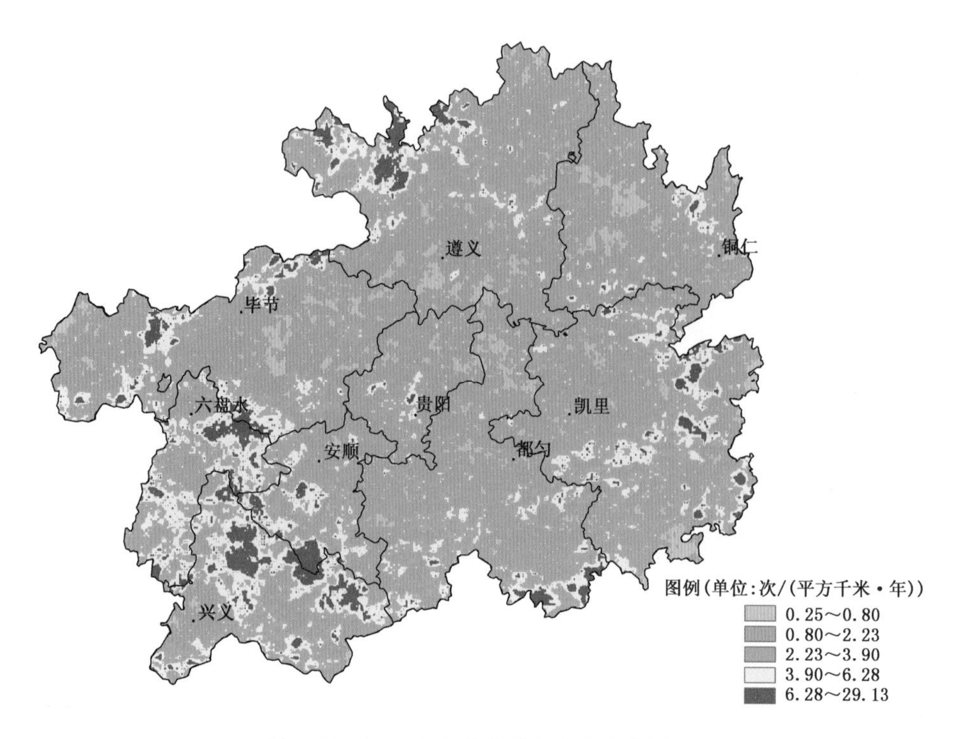

图 3.71　2014 年贵州省雷电密度分布图

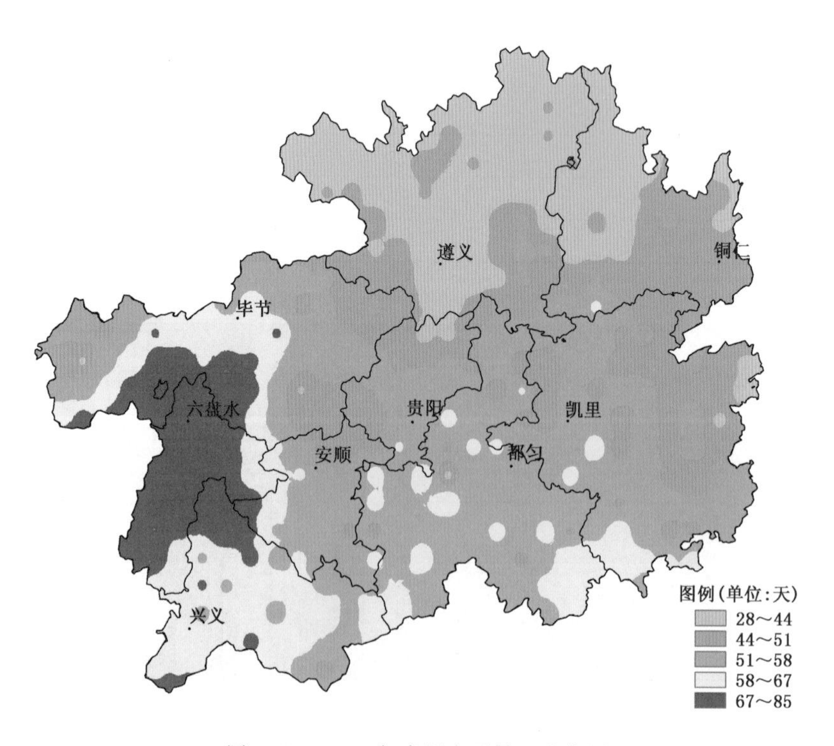

图 3.72　2014 年贵州省雷暴日分布图

二十五、云南省

2014年云南省共发生闪电620 408次,其中正闪28 757次,负闪591 651次,每月雷电次数见表3.25和图3.73。由表和图可见,1—2月有较少的雷电活动,3—10月是雷电高发期,其中9月份雷电活动最为频繁,10月雷电活动开始减弱,11—12月雷电活动较少。云南省全年雷电活动频繁,主要集中在6—9月,这段时间发生的雷电次数占该区域全年雷电总数的80%以上。

云南省雷电密度分布如图3.74所示,高密度区与2013年基本相同,主要集中在昭通东北部、昆明、曲靖、玉溪、楚雄、丽江东南部及云南南部部分零散地区。最高雷电密度为29.00次/(平方千米·年),较2013年减少了21.50次/(平方千米·年)。云南省雷暴日分布如图3.75所示,年雷暴日数最高为88天,较2013年减少了5天,雷暴月数为12个月。

表3.25 2014年云南省月雷电数统计表(单位:次)

月份	总闪数	正闪数	负闪数
1	510	209	301
2	117	35	82
3	20111	3935	16176
4	20401	3698	16703
5	59810	3855	55955
6	127795	6565	121230
7	123302	3342	119960
8	112083	3366	108717
9	136444	2442	134002
10	19113	1082	18031
11	665	189	476
12	57	39	18
总数	620408	28757	591651

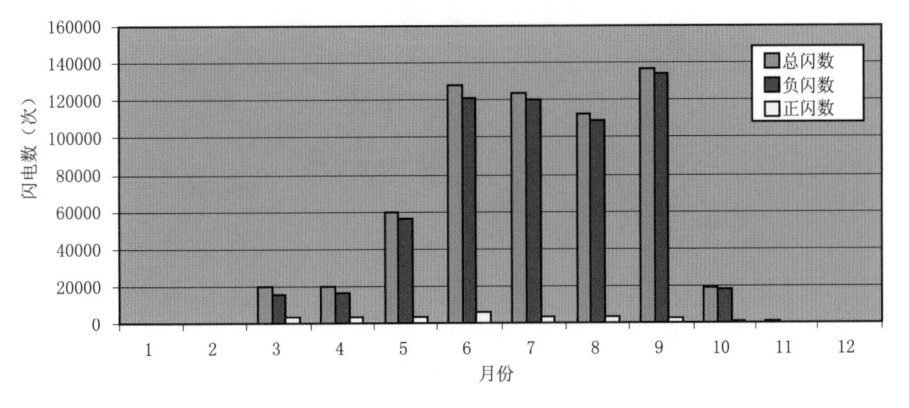

图3.73 2014年云南省月雷电数统计直方图

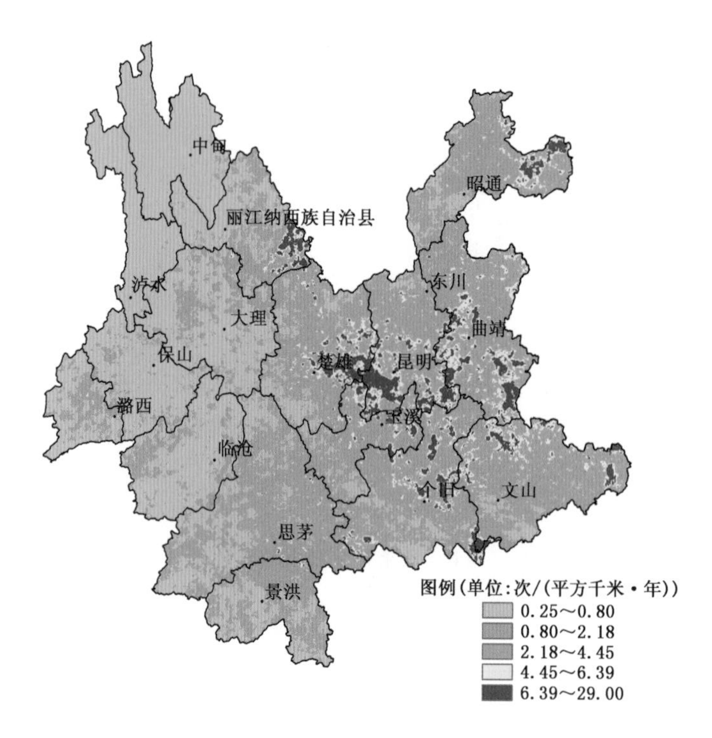

图 3.74　2014 年云南省雷电密度分布图

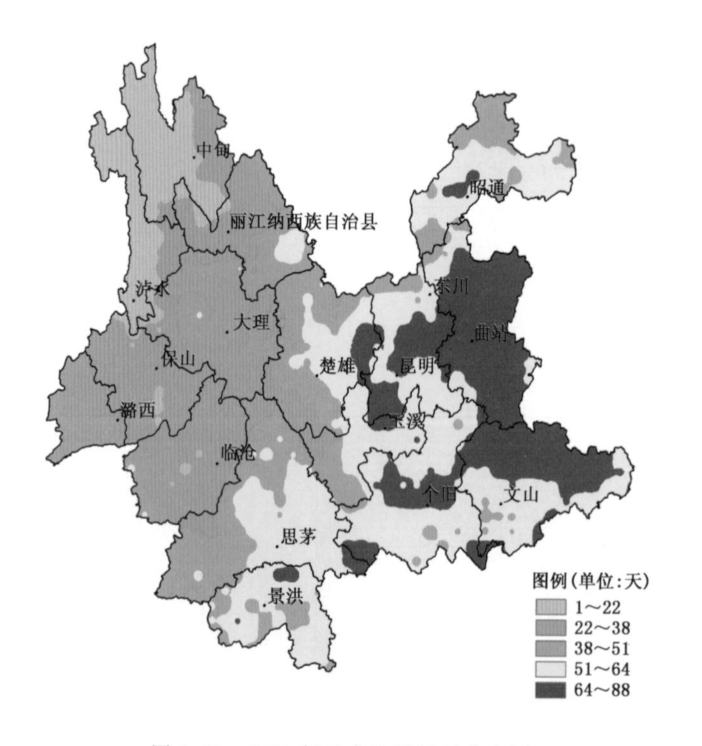

图 3.75　2014 年云南省雷暴日分布图

二十六、西藏自治区

2014 年西藏自治区共发生闪电 47 593 次，其中正闪 3 396 次，负闪 44 197 次，每月雷电发生次数见表 3.26 和图 3.76。由表和图可见，1—4 月雷电活动较少，5 月雷电活动逐渐增多，6—9 月是雷电高发期，其中 7 月雷电活动次数最多，10—12 月雷电活动逐渐减少。

西藏自治区雷电密度分布如图 3.77 所示，高密度区集中在昌都、那曲、拉萨和泽当等地区，最高雷电密度为 4.25 次/(平方千米·年)，较 2013 年增加了 1.75 次/(平方千米·年)。西藏自治区雷暴日分布如图 3.78 所示，年雷暴日数最高为 67 天，较 2013 年增加了 14 天，雷暴月数为 12 个月。

表 3.26　2014 年西藏自治区月雷电数统计表(单位:次)

月份	总闪数	正闪数	负闪数
1	11	4	7
2	34	11	23
3	277	170	107
4	767	279	488
5	1245	171	1074
6	9355	744	8611
7	14100	835	13265
8	12666	730	11936
9	8755	418	8337
10	362	24	338
11	18	8	10
12	3	2	1
总数	47593	3396	44197

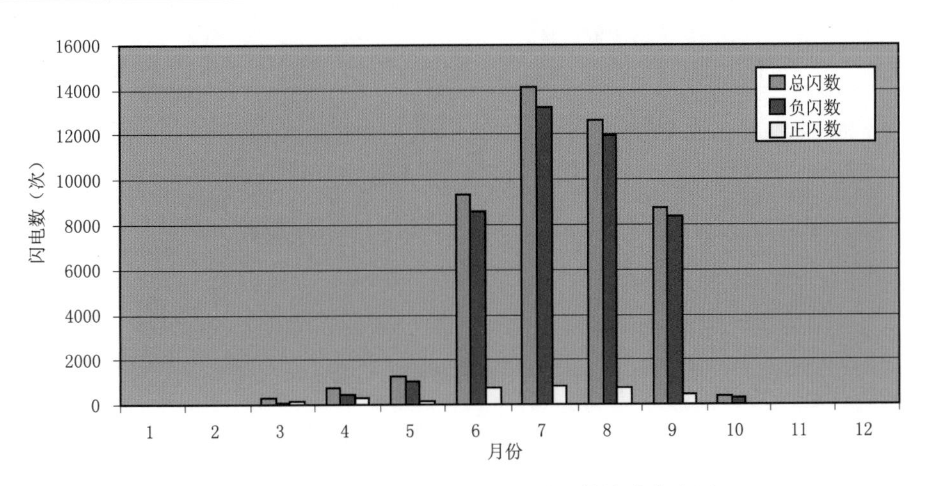

图 3.76　2014 年西藏自治区月雷电数统计直方图

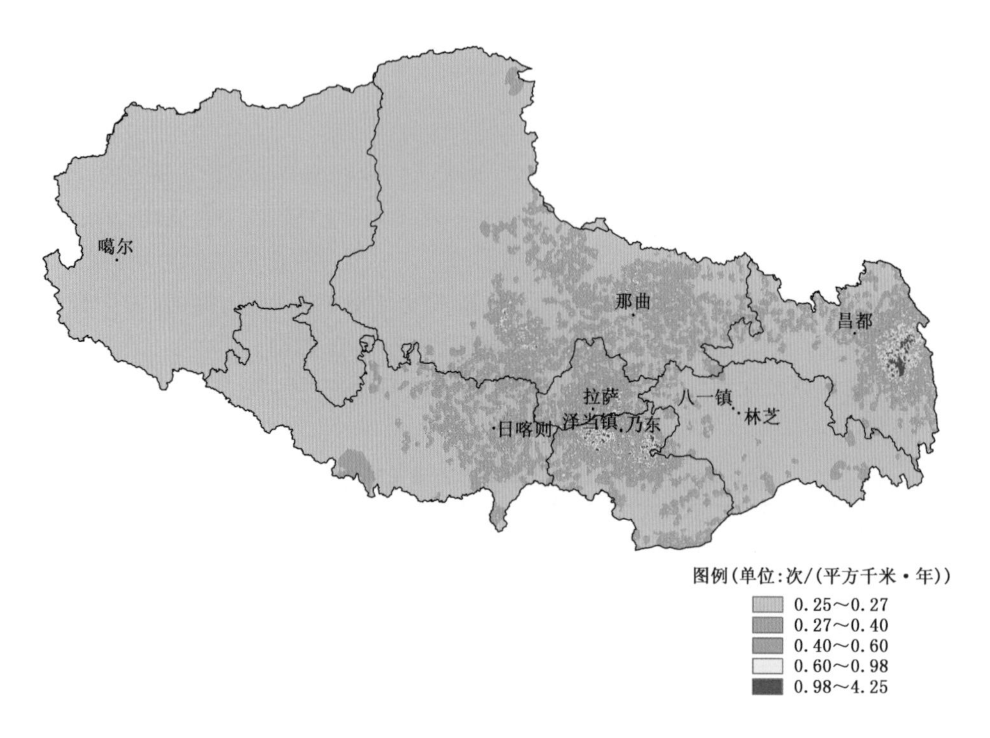

图 3.77　2014 年西藏自治区雷电密度分布图

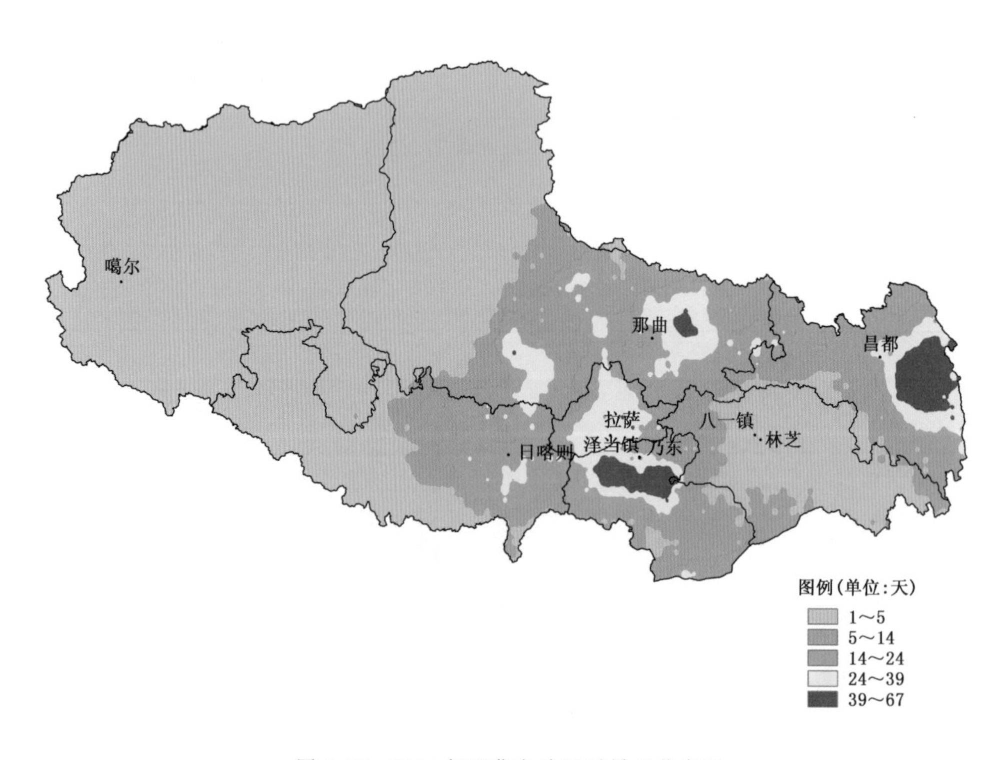

图 3.78　2014 年西藏自治区雷暴日分布图

二十七、陕西省

2014 年陕西省共发生闪电 99 914 次，其中正闪 8 006 次，负闪 91 908 次，每月雷电次数见表 3.27 和图 3.79。由表和图可见，1 月没有雷电活动。2 月有 2 次雷电活动，3 月份雷电活动开始增多，6—8 月是雷电高发期，其中 7 月雷电活动最频繁，10—11 月雷电活动减少，12 月无雷电活动。

陕西省雷电密度分布如图 3.80 所示，高密度区比较集中，主要集中在榆林北部地区，最高雷电密度为 11.75 次/(平方千米·年)，较 2013 年减少了 8.75 次/(平方千米·年)。陕西省雷暴日分布如图 3.81 所示，年雷暴日数最高为 39 天，雷暴月数为 10 个月。

表 3.27　2014 年陕西省月雷电数统计表(单位:次)

月份	总闪数	正闪数	负闪数
1	0	0	0
2	2	1	1
3	1379	284	1095
4	4990	557	4433
5	497	107	390
6	10436	2318	8118
7	39087	2268	36819
8	36971	1432	35539
9	4119	742	3377
10	2356	293	2063
11	77	4	73
12	0	0	0
合计	99914	8006	91908

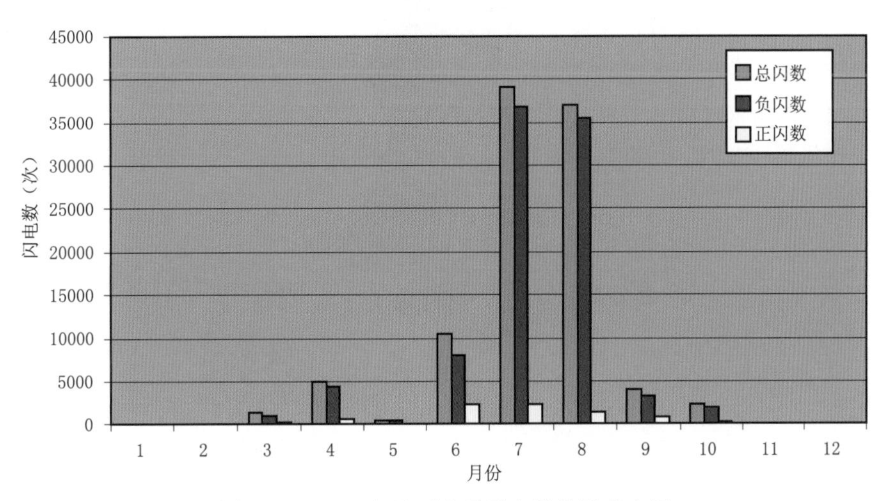

图 3.79　2014 年陕西省月雷电数统计直方图

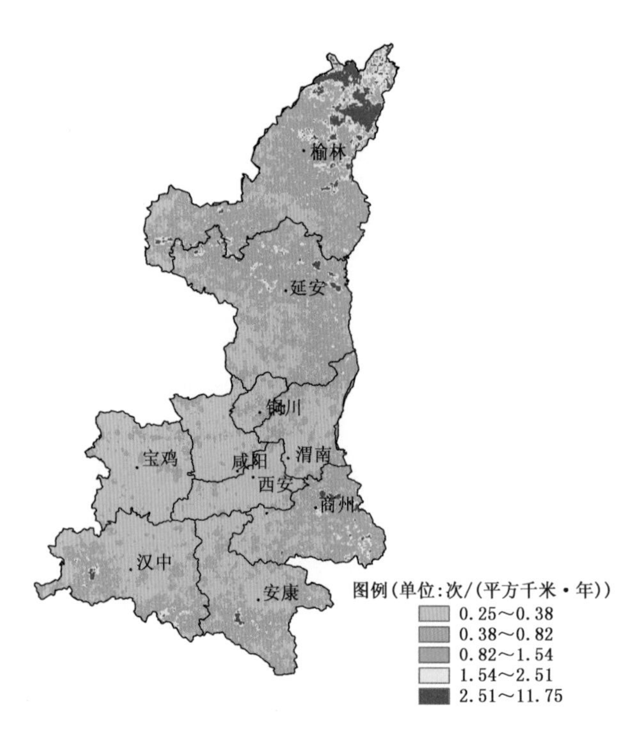

图 3.80　2014 年陕西省雷电密度分布图

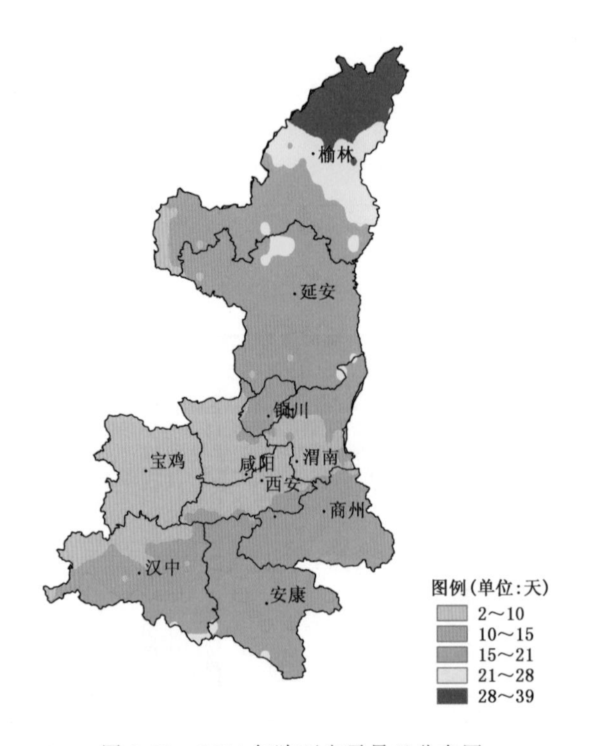

图 3.81　2014 年陕西省雷暴日分布图

二十八、甘肃省

2014 年甘肃省共发生闪电 16 278 次，其中正闪 3 381 次，负闪 12 897 次，每月雷电次数见表 3.28 和图 3.82。由表和图可见，1—2 月无雷电活动，3 月有少量雷电活动，4 月雷电活动开始增多，6—8 月是雷电高发期，6 月雷电活动最频繁，9 月雷电活动减少，11—12 月只有少量雷电活动。

甘肃省雷电密度分布如图 3.83 所示，高密度区主要集中在平凉、天水和西峰，成县、兰州和张掖地区也有零散分布，最高雷电密度为 4.00 次/(平方千米·年)，较 2013 年减少了 16.5 次/(平方千米·年)。甘肃省雷暴日分布如图 3.84 所示，年雷暴日数最高为 34 天，雷暴月数为 10 个月。

表 3.28　2014 年甘肃省月雷电数统计表(单位:次)

月份	总闪数	正闪数	负闪数
1	0	0	0
2	0	0	0
3	37	14	23
4	1401	647	754
5	609	170	439
6	4287	660	3627
7	4204	661	3543
8	4110	649	3461
9	889	296	593
10	642	280	362
11	98	4	94
12	1	0	1
合计	16278	3381	12897

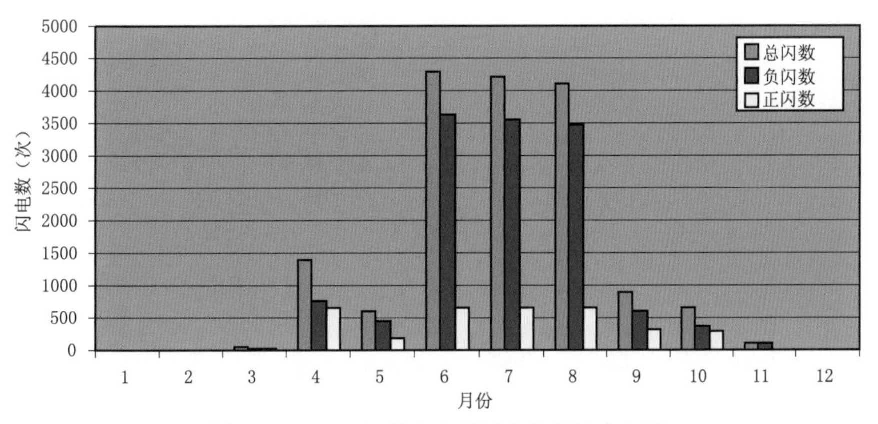

图 3.82　2014 年甘肃省月雷电数统计直方图

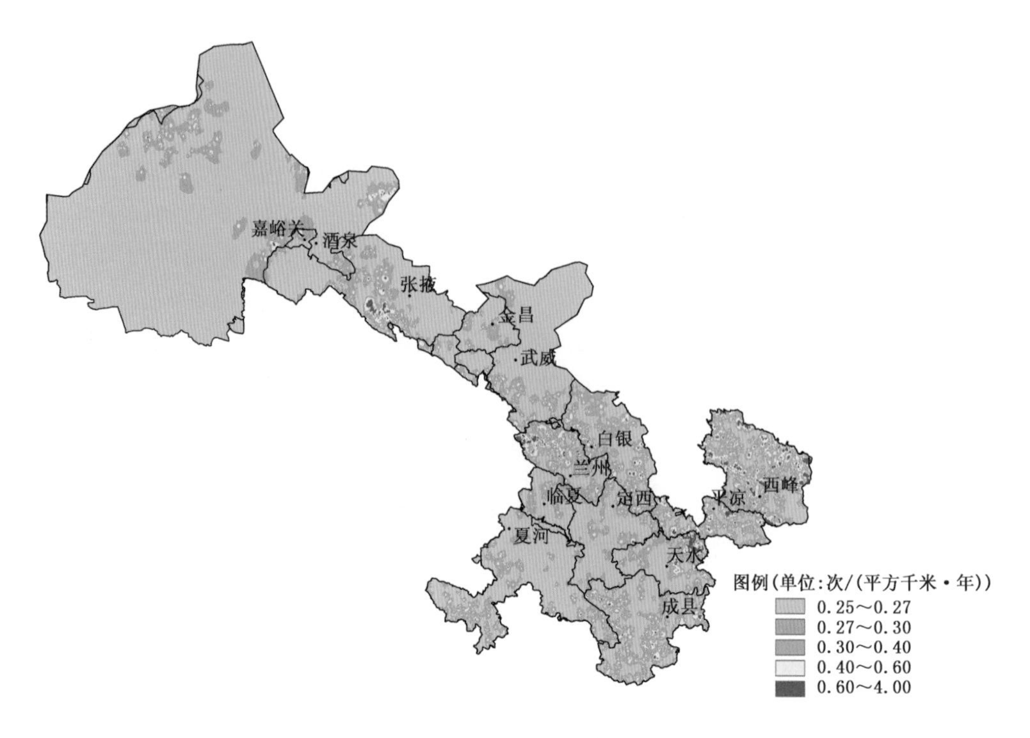

图 3.83　2014 年甘肃省雷电密度分布图

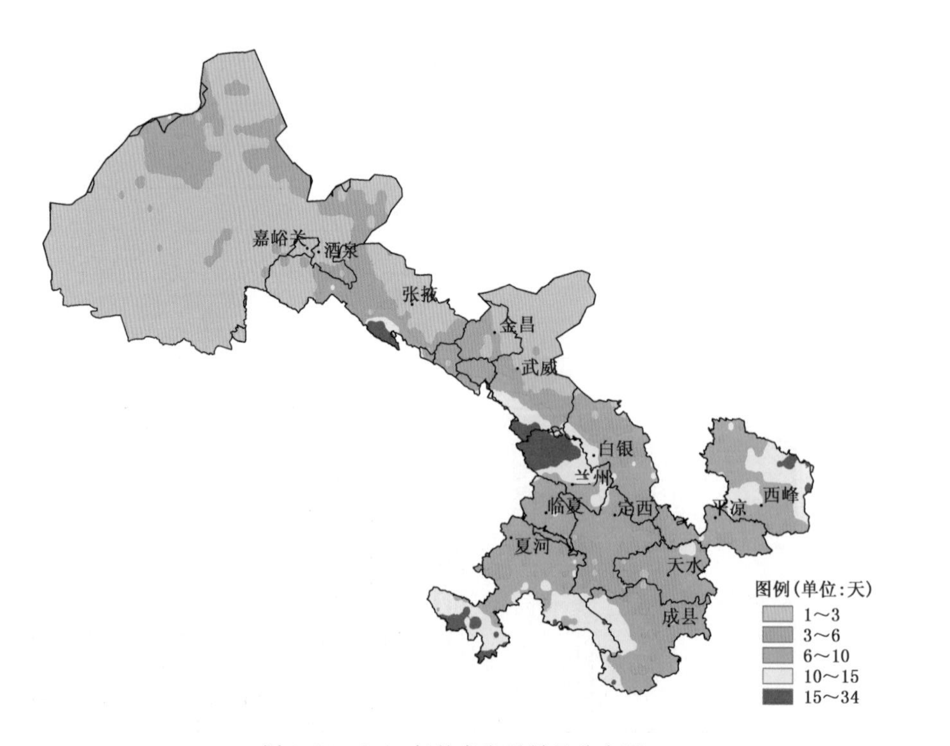

图 3.84　2014 年甘肃省雷暴日分布图

二十九、青海省

2014年青海省共发生闪电21 013次，其中正闪2 119次，负闪18 894次，每月雷电次数见表3.29和图3.85。由表和图可见，1月无雷电活动，2—3月有零星的雷电活动，6—9月是雷电高发期，7月雷电活动最频繁，10月雷电活动减少，12月无雷电活动。

青海省雷电密度分布如图3.86所示，高密度区比较集中，主要集中在西宁和平安地区，最高雷电密度为6.25次/(平方千米·年)，较2013年减少了约9.75次/(平方千米·年)。青海省雷暴日分布如图3.87所示，年雷暴日数最高为45天，较2013年增加了3天，雷暴月数为10个月。

表3.29　2014年青海省月雷电数统计表(单位:次)

月份	总闪数	正闪数	负闪数
1	0	0	0
2	1	0	1
3	24	7	17
4	650	219	431
5	800	73	727
6	4253	369	3884
7	6629	579	6050
8	4474	454	4020
9	3765	329	3436
10	411	89	322
11	6	0	6
12	0	0	0
合计	21013	2119	18894

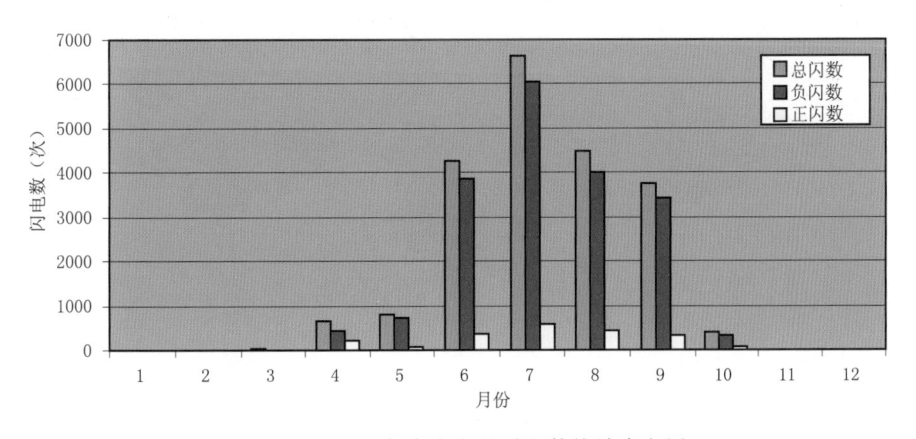

图3.85　2014年青海省月雷电数统计直方图

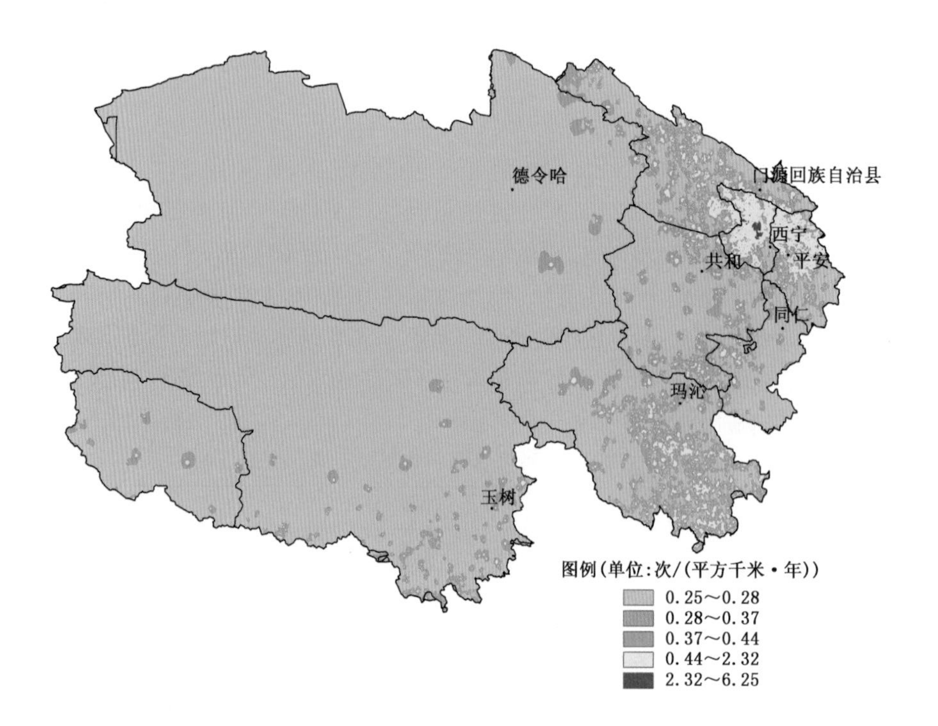

图 3.86　2014 年青海省雷电密度分布图

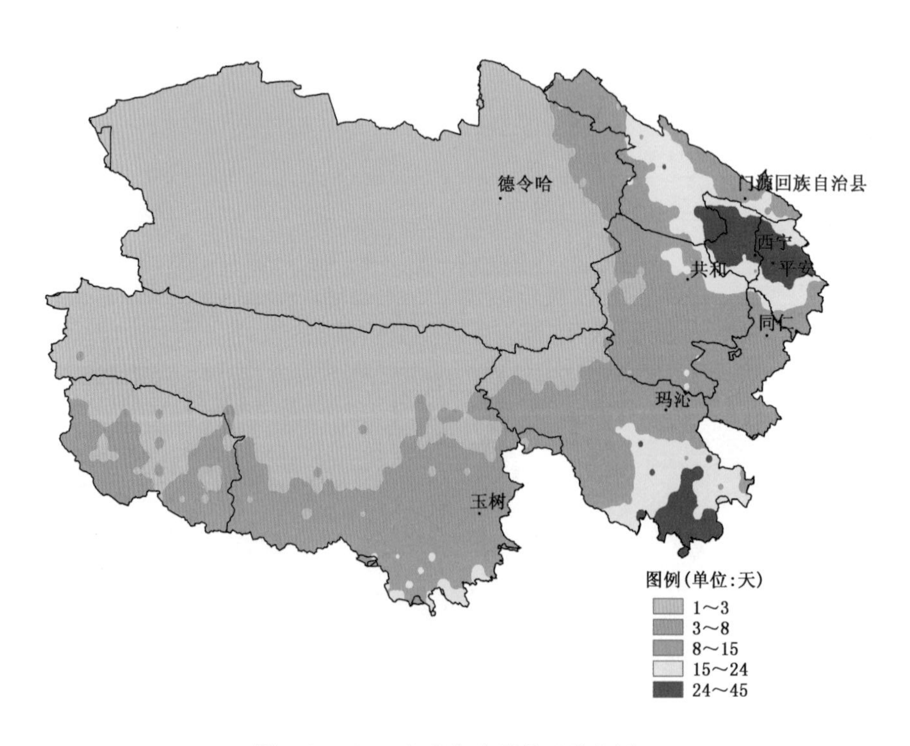

图 3.87　2014 年青海省雷暴日分布图

三十、宁夏回族自治区

2014年宁夏回族自治区共发生闪电6 241次，其中正闪1 137次，负闪5 104次，较2013年总闪数减少了约15.2%，每月雷电发生次数见表3.30和图3.88。由表和图可见，1—3月无雷电活动，4—5月有少量雷电活动，6—8月是雷电活动高发期，9月雷电活动明显减少，11月和12月无雷电活动。与2013年相同，雷电活动在8月发生最为频繁。

宁夏回族自治区雷电密度分布如图3.89所示，高密度区比较分散，主要分布在吴忠及全区东部零星区域，最高雷电密度为4.00次/(平方千米·年)，较2013年增加了约0.50次/(平方千米·年)。宁夏回族自治区雷暴日分布如图3.90所示，年雷暴日数最高为19天，雷暴月数为7个月。

表3.30　2014年宁夏回族自治区月雷电数统计表(单位:次)

月份	总闪数	正闪数	负闪数
1	0	0	0
2	0	0	0
3	0	0	0
4	175	60	115
5	53	37	16
6	774	134	640
7	2135	325	1810
8	2654	461	2193
9	349	65	284
10	101	55	46
11	0	0	0
12	0	0	0
合计	6241	1137	5104

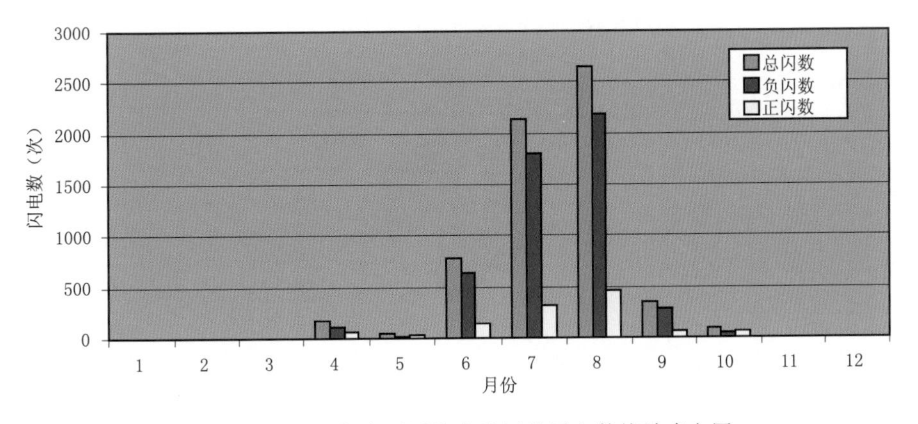

图3.88　2014年宁夏回族自治区月雷电数统计直方图

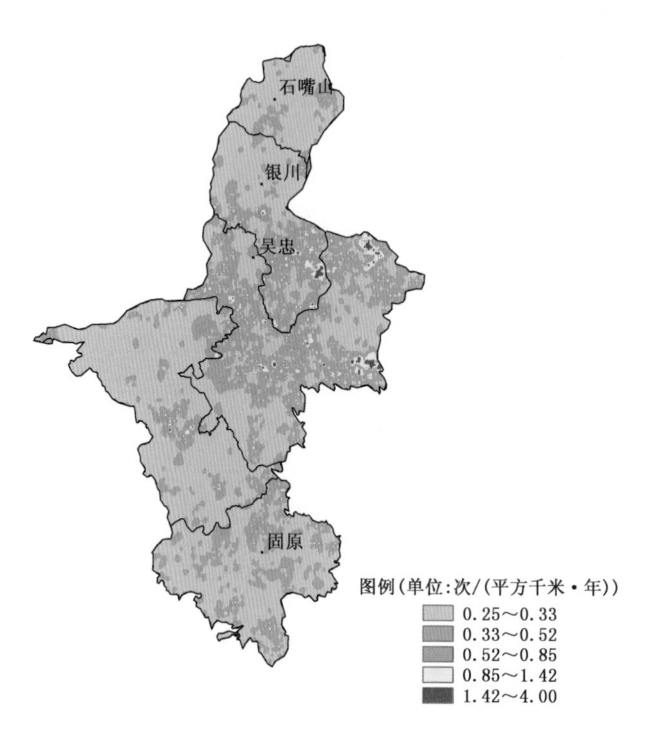

图 3.89　2014 年宁夏回族自治区雷电密度分布图

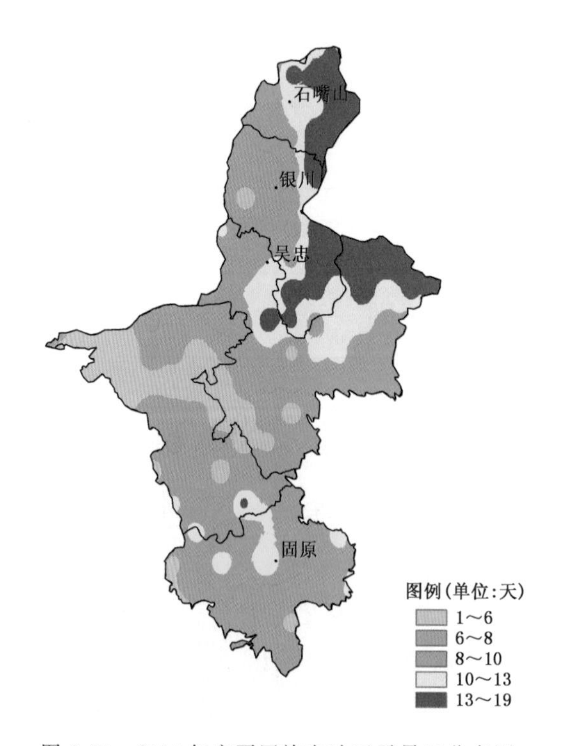

图 3.90　2014 年宁夏回族自治区雷暴日分布图

三十一、新疆维吾尔自治区

2014年新疆维吾尔自治区共发生闪电47 851次，其中正闪6 057次，负闪41 794次，每月雷电发生次数见表3.31和图3.91。由表和图可见，1—4月有少量的雷电活动，5—9月是雷电活动高发期，10—12月雷电活动明显减少。雷电活动在6月发生最为频繁。

新疆维吾尔自治区雷电密度分布如图3.92所示，高密度区主要分布在克拉玛依和哈密等地区，最高雷电密度为8.00次/(平方千米·年)，较2013年增加了2.50次/(平方千米·年)。新疆维吾尔自治区雷暴日分布如图3.93所示，年雷暴日数最高为34天，较2013年减少了6天，雷暴月数为12个月。

表3.31　2014年新疆维吾尔自治区月雷电数统计表(单位:次)

月份	总闪数	正闪数	负闪数
1	10	1	9
2	21	0	21
3	45	7	38
4	269	51	218
5	2057	433	1624
6	23248	2704	20544
7	11131	1576	9555
8	8447	889	7558
9	2329	370	1959
10	281	24	257
11	6	1	5
12	7	1	6
合计	47851	6057	41794

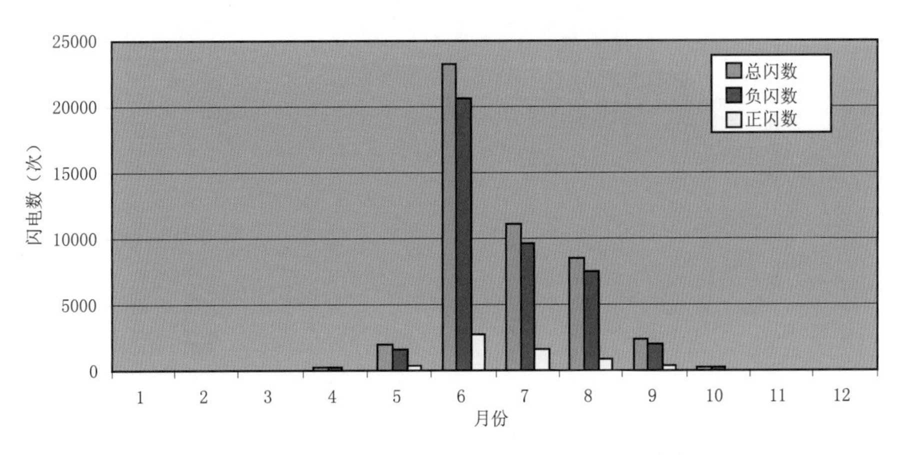

图3.91　2014年新疆维吾尔自治区月雷电数统计直方图

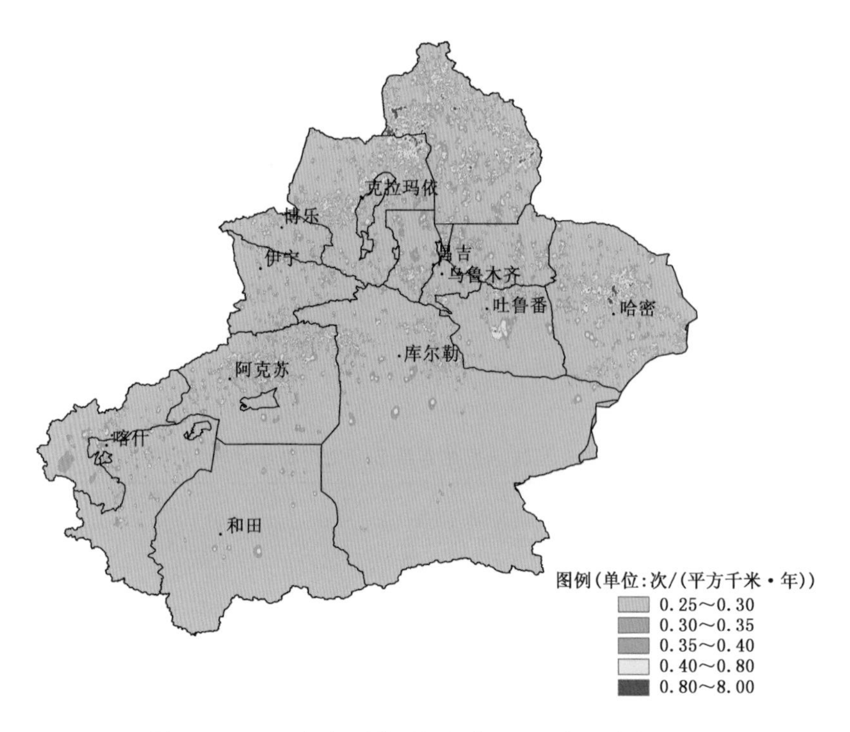

图 3.92　2014 年新疆维吾尔自治区雷电密度分布图

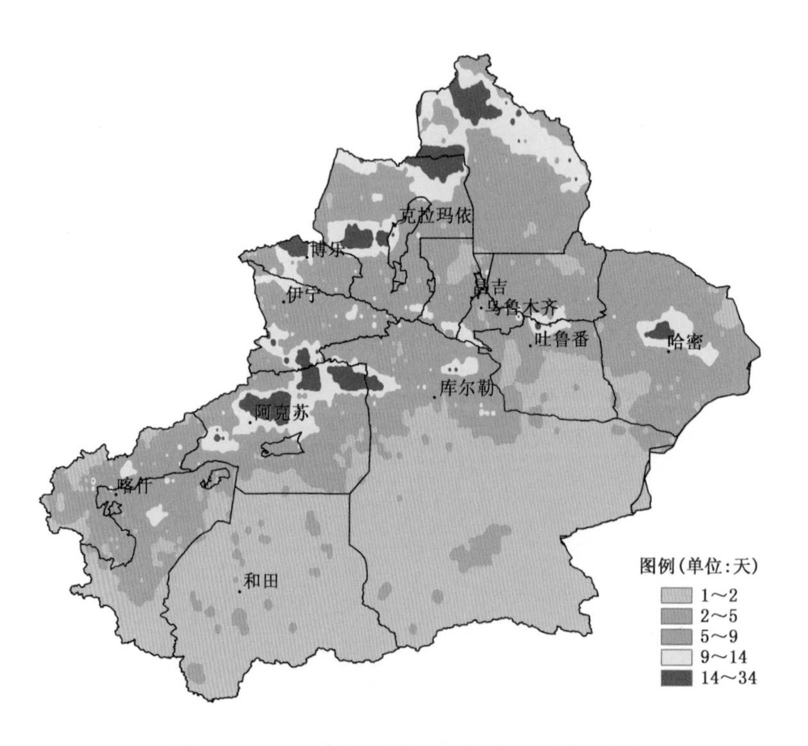

图 3.93　2014 年新疆维吾尔自治区雷暴日分布图

第四部分

2014 年全国雷电监测信息行业服务

一、全国主要机场年雷暴日、雷电密度分布及雷电强度值

机场的年雷暴日、雷电密度是以机场为中心，以 30 千米为半径统计该范围内的年雷暴日和雷电密度的平均值。统计 2014 年全国主要机场在雷电监测网覆盖区域的年雷暴日、雷电密度及雷电强度值(表 4.1)。福建的南平武夷山机场和连城官豸山机场，江西的赣州黄金机场，广东的广州白云国际机场、深圳南头直升机场、深圳宝安国际机场、湛江坡头民航直升机场、湛江坡头中国海洋直升机场、湛江新塘机场、珠海九州直升机场、梅县机场和中山机场，广西的梧州机场，海南的海口美兰国际机场，云南的昆明巫家坝国际机场，2014 年雷暴日都达到 60 天以上。雷电最高密度区出现在广州白云国际机场，峰值为 18.65 次/(平方千米·年)。

表 4.1　2014 年全国主要机场年雷暴日、雷电密度分布及雷电强度值统计表

机场	省(区、市)	雷暴日数(天)	雷电密度(次/(平方千米·年))	平均正闪强度(千安)	平均负闪强度(千安)
八达岭机场	北京	34	0.76	68.04	−34.26
首都国际机场		31	1.53	65.53	−30.49
北京南苑机场		30	1.05	72.80	−33.44
定陵机场		33	0.79	70.09	−32.57
大溶洞机场		33	2.66	60.29	−30.95
天津滨海国际机场	天津	27	1.46	62.65	−33.20
天津塘沽机场		24	0.97	66.95	−37.00
天津滨海东方通用直升机机场		26	1.18	70.17	−36.10
石家庄正定国际机场	河北	23	1.57	65.42	−28.63
秦皇岛山海关机场		22	0.68	66.18	−44.00
邯郸机场		16	0.90	66.90	−33.25
承德机场		34	0.86	58.17	−37.35
太原武宿机场	山西	30	2.38	59.95	−29.36
长治王村机场		25	1.02	58.17	−27.25
平朔安太堡机场		37	1.56	69.19	−34.57
大同怀仁机场		31	0.97	65.27	−32.21
大同航空培训基地机场		31	0.84	71.79	−33.11
运城关公机场		14	1.04	55.77	−34.78
扎兰屯航空护林站机场	内蒙古	21	0.45	64.63	−38.85
呼和浩特白塔机场		33	0.64	57.93	−32.90
包头二里半机场		34	1.85	55.02	−28.39
海拉尔东山机场		18	0.47	77.00	−44.74

续表

机场	省(区、市)	雷暴日数(天)	雷电密度(次/(平方千米·年))	平均正闪强度(千安)	平均负闪强度(千安)
赤峰土城子机场	内蒙古	24	0.71	61.70	−39.51
通辽机场		23	0.74	75.94	−41.31
锡林浩特机场		10	0.27	109.12	−101.04
乌兰浩特机场		18	0.31	81.75	−50.95
乌海机场		15	0.32	74.01	−65.12
满洲里西郊机场		12	0.38	56.42	−51.42
加格达奇护林航空站机场		20	0.39	56.38	−47.87
沈阳桃仙国际机场	辽宁	31	1.04	64.51	−33.39
大连周水子机场		12	0.38	76.20	−47.23
沈阳于洪全胜机场		27	0.99	63.56	−29.35
沈阳苏家屯红宝山机场		31	1.00	61.09	−33.51
长海大长山岛机场		14	0.34	67.60	−42.17
丹东浪头机场		22	0.84	76.67	−31.96
朝阳机场		24	0.98	70.14	−40.82
鞍山机场		27	1.17	64.01	−32.88
锦州小领子机场		25	2.13	57.47	−27.65
宁安机场	吉林	18	0.36	76.79	−51.95
长春龙嘉国际机场		27	0.56	75.08	−32.17
吉林二台子机场		37	0.58	85.38	−44.45
延吉朝阳川机场		13	0.29	113.17	−76.39
长春二道河子机场		22	0.47	76.25	−39.91
敦化农用航空站机场		20	0.59	80.25	−45.46
白城大青山机场		24	0.60	126.73	−63.99
柳河机场		33	0.67	68.71	−41.35
宝清机场	黑龙江	15	0.33	83.57	−63.64
伊春机场		29	0.66	75.98	−45.93
哈尔滨太平国际机场		23	0.54	74.94	−40.27
嫩江机场		20	0.38	76.60	−57.42
塔河护林航空站塔尔根机场		18	0.56	53.66	−43.97
佳西机场		23	0.50	77.23	−52.87
牡丹江海浪机场		19	0.34	78.44	−49.88
佳木斯东郊机场		25	0.45	67.44	−51.90
黑河机场		15	0.33	82.10	−60.20
齐齐哈尔三家子机场		24	0.58	81.84	−42.55
八五六农航站机场		12	0.30	92.29	−77.13
塔河护林航空站		16	0.53	73.11	−48.22
上海浦东国际机场	上海	18	2.02	55.67	−43.84
上海虹桥机场		20	2.78	57.95	−41.47
龙华机场		19	2.79	57.01	−41.96
上海高东海上救助机场		18	1.92	60.41	−45.12
原上海江湾机场旧址		19	2.02	61.31	−43.36
南京禄口国际机场	江苏	28	2.66	50.35	−41.57
常州奔牛机场		21	3.16	45.80	−37.77
江苏泰州春兰直升机场		16	1.08	64.95	−41.85
南通兴东机场		15	2.08	57.93	−50.86
连云港白塔埠机场		9	0.55	74.17	−47.65

续表

机场	省(区、市)	雷暴日数(天)	雷电密度(次/(平方千米·年))	平均正闪强度(千安)	平均负闪强度(千安)
徐州观音山机场	江苏	12	0.58	94.36	−58.14
盐城机场		6	0.30	86.86	−80.69
无锡朔放机场		21	2.62	49.24	−40.02
杭州萧山国际机场	浙江	32	2.73	61.58	−44.83
宁波栎社机场		35	6.18	50.41	−37.64
温州永强机场		48	4.56	48.10	−42.37
桐庐直升机场		49	2.75	59.47	−43.25
黄岩陆桥机场		39	3.28	56.08	−46.85
舟山朱家尖机场		18	0.55	62.90	−65.94
义乌机场		47	4.21	43.40	−36.79
衢州机场(军民合用)		53	8.26	42.72	−36.84
合肥骆岗国际机场	安徽	27	1.26	66.46	−42.02
黄山屯溪机场		46	2.95	63.25	−42.84
安庆天柱山机场		40	2.84	61.78	−40.64
阜阳机场		16	1.01	68.28	−51.85
福州长乐国际机场	福建	51	3.62	55.65	−41.27
厦门高崎机场		43	2.92	58.17	−36.91
南平武夷山机场		68	5.01	44.22	−34.94
泉州晋江机场		45	3.33	55.40	−36.71
连城官豸山机场		79	5.23	41.21	−34.62
南昌昌北国际机场	江西	57	5.49	60.26	−37.54
九江庐山机场		43	4.04	66.15	−41.92
景德镇罗家机场		58	4.35	49.11	−35.21
赣州黄金机场		65	4.67	49.93	−36.99
吉安井冈山机场		27	6.18	68.5	−38.72
济南遥墙国际机场	山东	15	0.69	77.43	−38.55
青岛流亭国际机场		14	0.48	98.05	−66.94
烟台莱山机场		9	0.35	99.12	−56.19
威海大水泊机场		8	0.31	106.52	−61.92
潍坊机场		12	0.33	74.70	−42.49
临沂机场		11	0.52	67.16	−40.55
东营机场		12	0.64	58.30	−46.28
青岛市石老人直升机场		14	0.45	101.76	−63.41
泰安直升机场		21	0.80	62.20	−32.98
郑州上街机场	河南	13	0.93	43.93	−25.53
明港机场		18	2.29	47.85	−36.69
南阳姜营机场		14	0.63	54.31	−33.72
洛阳北郊机场		15	1.05	63.95	−28.49
郑州新郑国际机场		13	0.91	46.83	−31.66
安阳航空运动学校机场		17	0.87	71.37	−25.51
沙市机场	湖北	28	1.66	68.69	−40.95
武汉天河机场		33	3.56	49.66	−38.65
宜昌三峡机场		26	1.25	57.54	−40.34
襄樊刘集机场		11	0.71	46.70	−40.57
恩施机场		28	0.75	67.91	−53.07

续表

机场	省(区、市)	雷暴日数(天)	雷电密度(次/(平方千米·年))	平均正闪强度(千安)	平均负闪强度(千安)
永州零陵机场	湖南	51	1.79	69.94	−46.49
常德机场		39	1.85	65.14	−36.04
张家界荷花机场		38	2.49	60.70	−41.30
长沙黄花国际机场		50	2.88	67.65	−40.49
广州白云国际机场	广东	88	18.65	41.28	−30.43
深圳宝安国际机场		73	8.01	39.50	−32.65
深圳南头直升机场		72	7.70	38.35	−32.82
湛江坡头民航直升机场		70	3.83	49.48	−43.27
湛江坡头中国海洋直升机场		70	3.86	49.48	−43.27
珠海九州直升机场		63	2.97	47.89	−44.13
湛江新塘机场		71	3.96	49.60	−43.50
珠海三灶机场		54	2.72	56.23	−45.52
梅县机场		70	6.53	41.78	−34.02
汕头外砂机场		55	3.69	49.79	−40.29
中山机场		70	5.34	45.30	−36.06
百色右江机场	广西	51	3.64	59.04	−46.00
北海机场		59	3.40	53.56	−49.04
梧州机场		77	10.58	37.27	−32.82
柳州机场		54	2.44	53.40	−39.95
南宁吴圩机场		59	2.17	56.60	−38.55
桂林两江机场		59	2.65	54.41	−45.13
三亚凤凰机场	海南	49	1.24	41.32	−39.64
海口美兰国际机场		62	2.67	55.55	−40.81
万州机场	重庆	31	1.76	71.58	−43.04
重庆江北国际机场		36	2.73	67.86	−49.79
康定斯丁措机场	四川	35	0.71	45.16	−35.43
广汉机场		24	2.83	58.74	−38.74
阆中机场		22	1.29	65.26	−48.24
泸州蓝田机场		41	1.80	70.76	−49.20
宜宾机场		38	1.80	67.33	−45.81
绵阳机场		24	2.16	71.45	−41.63
广元盘龙机场		16	0.72	73.00	−48.40
攀枝花保安营机场		39	2.23	60.67	−42.76
达州机场		22	1.63	86.08	−49.17
南充火花机场		26	1.68	66.75	−45.28
西昌青山机场		53	1.94	61.64	−42.10
成都双流国际机场		26	2.81	58.19	−41.93
九寨沟机场		21	0.37	63.28	−63.45
兴义机场	贵州	60	2.41	63.88	−42.22
黎平机场		50	3.15	56.41	−63.10
铜仁大兴机场		45	2.29	67.51	−48.63
安顺黄果树机场		55	2.60	72.83	−55.74
贵阳龙洞堡机场		54	2.29	69.88	−59.34
文山普者黑机场	云南	59	1.70	63.99	−34.94
临沧博尚机场		32	0.70	90.13	−37.91
芒市机场		37	0.87	59.03	−42.70

续表

机场	省(区、市)	雷暴日数(天)	雷电密度(次/(平方千米·年))	平均正闪强度(千安)	平均负闪强度(千安)
保山机场	云南	24	0.42	59.65	−34.55
丽江三义机场		35	1.23	69.60	−46.31
西双版纳嘎洒机场		50	0.84	50.03	−39.49
思茅机场		60	2.46	52.74	−33.90
迪庆香格里拉机场		19	0.35	98.19	−47.83
大理荒草坝机场		33	0.67	75.02	−38.29
昆明巫家坝国际机场		65	5.29	68.03	−35.50
昭通机场		58	1.30	88.43	−58.04
拉萨贡嘎机场	西藏	35	0.58	38.44	−20.95
昌都邦达机场		14	0.28	75.16	−53.61
林芝米林机场		2	0.25	127.83	−111.17
蒲城机场	陕西	8	0.42	50.78	−34.30
安康机场		16	0.52	64.28	−61.63
汉中机场		11	0.42	69.83	−51.90
西安咸阳国际机场		7	0.34	66.52	−59.28
榆林西沙机场		26	0.99	74.66	−35.98
延安二十里堡机场		17	0.72	75.88	−38.86

二、全国主要港口年雷暴日、雷电密度分布及雷电强度值

统计全国主要港口在雷电监测网覆盖区域的年雷暴日、雷电密度分布及雷电强度值(表4.2),有利于全国主要港口的物流及其他工作安排。港口的年雷暴日、雷电密度是以港口为中心,以30千米为半径统计该范围内的年雷暴日和雷电密度的平均值。位于东南沿海的港口雷暴日和雷电密度明显高于北方的港口,其中广州港雷暴日达89天,广州港的雷电密度达15.00次/(平方千米·年),居各港口之首。

表4.2　2014年全国主要港口年雷暴日、雷电密度分布及雷电强度值统计表

港口	雷暴日数(天)	雷电密度(次/(平方千米·年))	平均正闪强度(千安)	平均负闪强度(千安)
南京港	24	5.04	40.57	−36.58
广州港	89	15.00	40.74	−31.01
泉州港	43	3.13	57.46	−37.64
防城港	84	5.71	57.88	−51.89
北海港	59	2.67	61.83	−53.67
湛江港	68	3.94	49.17	−43.94
汕头港	48	3.41	57.10	−43.19
深圳港	72	7.20	37.11	−33.69
厦门港	49	2.75	60.96	−38.49
福州港	57	5.79	49.47	−39.17
温州港	54	8.16	51.11	−40.86
宁波港	32	3.43	53.84	−40.59
上海港	18	1.88	57.41	−45.05

续表

港口	雷暴日数（天）	雷电密度（次/(平方千米·年)）	平均正闪强度（千安）	平均负闪强度（千安）
连云港港	5	0.35	71.85	−45.79
日照港	7	0.59	88.99	−49.70
青岛港	12	0.41	77.15	−57.70
秦皇岛港	23	0.82	69.97	−45.12
锦州港	23	2.10	53.21	−30.32
营口港	20	1.32	73.61	−36.89
大连港	12	0.39	73.10	−50.02
天津港	24	1.12	68.93	−36.66

三、全国主要发电厂年雷暴日、雷电密度分布及雷电强度值

统计全国主要发电厂在雷电监测网覆盖区域的年雷暴日、雷电密度及雷电强度值(表4.3)。发电厂的年雷暴日、雷电密度是以发电厂为中心，以30千米为半径统计该范围内的年雷暴日和雷电密度的平均值。

表4.3　2014年全国主要发电厂年雷暴日、雷电密度分布及雷电强度统计表

发电厂	雷暴日数（天）	雷电密度（次/(平方千米·年)）	平均正闪强度（千安）	平均负闪强度（千安）
三峡	25	1.73	54.61	−35.16
溪洛渡	49	1.38	74.21	−47.48
龙滩	57	2.45	61.37	−43.33
邹县	16	0.63	68.13	−39.52
小湾	29	0.59	60.47	−34.12
拉西瓦	16	0.29	48.98	−37.87
岭澳	67	7.75	39.86	−32.09
托克托	31	0.68	69.41	−33.23
后石	43	2.31	69.04	−39.63
锦屏一级	52	0.79	76.05	−51.79
二滩	39	1.95	64.00	−47.53
瀑布沟	35	0.87	68.26	−43.52
阳城	22	0.91	59.27	−30.14
北仑	32	3.57	53.84	−40.59
台山	52	5.50	41.56	−35.13
构皮滩	52	1.90	62.56	−62.20
外高桥	18	1.89	59.61	−45.09
嘉兴	23	3.05	57.52	−42.82
达拉特	32	1.95	53.65	−27.24
葛洲坝	25	1.45	52.07	−38.29
太仓港	19	1.74	57.57	−42.31
秦山第二	28	2.23	65.49	−43.43
利港	19	3.52	41.34	−38.03
珞璜	31	2.20	72.38	−45.67
扬州第二	21	3.81	51.61	−36.95

续表

发电厂	雷暴日数（天）	雷电密度（次/(平方千米·年)）	平均正闪强度（千安）	平均负闪强度（千安）
宁海	37	5.48	49.55	—36.96
乌沙山	36	5.10	51.45	—38.40
平圩	22	0.97	70.19	—46.89
珠海	51	2.97	55.30	—43.00
西柏坡	25	0.98	60.67	—28.94
洛河	22	1.02	64.31	—44.67
丰城	59	9.24	43.23	—32.03
德州	20	0.49	65.59	—39.33
阳逻	32	3.66	57.53	—37.94
襄樊	11	0.64	52.03	—42.18
广安	36	3.98	68.12	—47.25
大同第二	31	0.81	68.83	—34.05
丰镇	32	0.69	68.38	—36.24
张家口	30	1.21	65.22	—33.40
广州蓄能	77	6.87	52.20	—37.63
惠州蓄能	73	3.78	53.39	—38.64
盘山	32	1.97	62.35	—33.95
伊敏	28	0.73	78.77	—36.26
首阳山	13	0.67	61.22	—26.95
元宝山	22	0.76	58.03	—35.51
谏壁	21	2.87	48.42	—37.10
吴泾	20	3.08	54.80	—41.27
双鸭山	20	0.32	72.19	—57.82
田湾	5	0.36	63.05	—44.33
泰州	19	2.38	51.78	—38.13
玉环	44	3.88	48.99	—44.16
神头第二	38	1.68	66.73	—34.13
靖远	6	0.31	64.59	—45.13
珠江	82	11.25	36.96	—31.31
徐州	17	0.64	83.29	—41.84
大亚湾	67	7.61	39.86	—32.09
沙角第三	78	9.72	39.35	—31.82
营口	20	0.47	77.11	—42.87
太仓	19	2.11	58.35	—43.54
潍坊	12	0.32	66.98	—43.23
三门峡西	13	1.00	50.17	—28.67
湘潭	49	2.55	80.06	—44.83
荆门	22	1.95	61.51	—44.31
天荒坪蓄能	37	2.79	45.50	—36.32
小浪底	16	1.31	60.64	—28.26
妈湾	71	6.62	39.31	—34.16
镇海	31	5.04	50.34	—37.66
白山	32	0.48	106.91	—54.99
邢台	19	0.92	61.28	—32.83
清河	28	1.30	64.84	—36.05
彭水	32	1.22	73.57	—57.64
镇江	23	4.80	41.15	—35.05

续表

发电厂	雷暴日数（天）	雷电密度（次/(平方千米·年)）	平均正闪强度（千安）	平均负闪强度（千安）
漳泽	24	0.99	62.04	−29.18
绥中	19	0.54	67.12	−40.74
哈尔滨第三	33	0.73	81.00	−38.51
水布垭	33	0.84	58.49	−33.27
李家峡	16	0.32	57.01	−43.15
漫湾	31	0.60	54.71	−39.91
陡河	35	2.08	63.40	−30.94
公伯峡	17	0.30	65.36	−44.63
温州	49	5.90	44.54	−42.23
长兴	21	3.34	44.09	−34.33
菏泽	13	0.83	68.35	−33.14
秦山第三	27	2.28	65.07	−43.05
柳林	24	1.67	46.84	−25.46
大连	12	0.37	69.57	−48.52
南通	15	2.33	54.82	−46.63
福州	57	5.61	48.93	−38.71
通辽	24	0.62	75.16	−41.89
阜新	25	1.68	65.13	−36.79
水口	69	4.60	48.39	−34.74
九江	41	2.07	65.99	−42.47
大朝山	38	1.03	55.33	−43.77
台州	40	3.70	55.37	−45.39
黄埔	89	15.06	39.10	−30.18
桥头	36	1.24	49.04	−21.63
天生桥二级	63	3.37	59.43	−37.96
上安	23	1.70	58.51	−28.16
河津	16	0.75	56.61	−39.67
望亭	21	2.70	50.61	−39.11
岳阳	40	2.85	63.24	−41.85
半山	32	2.48	68.59	−39.29
渭河	6	0.34	64.48	−34.62
神头第一	39	1.67	69.94	−33.95
龙羊峡	13	0.29	51.57	−34.76
徐塘	10	0.58	81.38	−35.69
新乡	22	1.39	49.95	−23.06
十里泉	15	0.86	75.14	−34.58
邯峰	17	1.17	65.05	−29.51
定州	29	1.58	60.48	−29.68
王滩	20	1.65	80.15	−36.28
黄骅	22	1.21	67.82	−31.30
龙山	26	1.74	58.83	−26.44
王曲	24	1.05	59.29	−28.35
河曲	35	1.77	54.48	−27.89
武乡	31	1.67	81.05	−32.32
岱海	35	0.67	74.88	−41.90
上都	21	0.54	66.41	−36.94
白音华	15	0.29	84.76	−79.84

续表

发电厂	雷暴日数（天）	雷电密度（次/(平方千米·年)）	平均正闪强度（千安）	平均负闪强度（千安）
庄河	22	0.58	72.92	−37.12
石洞口第二	19	1.98	58.83	−43.16
常熟第二	19	2.65	62.98	−46.15
沙洲	16	2.46	52.49	−43.90
常州	20	3.48	42.14	−37.44
兰溪	45	3.48	48.75	−39.04
乐清	49	5.06	46.78	−43.00
阜阳	16	0.85	68.10	−55.89
宿州	18	0.54	80.16	−67.94
田集	21	1.07	69.93	−46.18
可门	63	5.22	48.81	−40.86
宁德	65	5.63	50.10	−39.96
黄金埠	58	6.12	46.71	−35.27
聊城	17	0.58	61.34	−33.04
费县	18	0.56	79.20	−35.86
沁北	19	1.19	50.43	−28.58
新乡宝山	20	1.46	38.56	−25.95
大别山	27	2.55	65.17	−41.66
金竹山	54	3.90	54.31	−38.56
鲤鱼江第二	68	4.67	58.25	−45.52
汕尾	57	3.62	45.42	−36.76
三百门	49	3.15	49.40	−33.09
惠来	43	6.81	60.85	−45.36
湛江奥里油	75	3.89	50.55	−42.54
防城港	84	5.59	58.71	−51.68
钦州	83	5.11	60.14	−52.29
盘南	68	3.78	71.57	−47.13
滇东	63	3.28	69.93	−44.68
韩城第二	17	0.78	58.17	−38.74
锦界	32	1.76	63.96	−31.04
灵武	10	0.42	67.33	−33.66
鹤岗	24	0.50	61.08	−46.19
汕头	48	3.40	57.10	−43.19
宝山钢铁	19	1.98	60.60	−43.31
大港	24	1.03	65.32	−34.86
衡水	20	1.47	61.25	−32.43
阳泉第二	35	3.22	60.78	−27.82
太原第一	30	2.03	60.92	−31.00
西龙池蓄能	35	1.34	57.72	−30.28
铁岭	24	1.96	60.78	−31.59
蒲石河蓄能	28	1.28	59.30	−32.13
双辽	24	0.61	108.37	−61.45
石洞口第一	19	1.97	58.33	−43.30
常熟	19	2.65	62.04	−46.31
彭城	17	0.62	81.16	−44.54
桐柏蓄能	40	5.91	49.46	−38.08
马鞍山第二	26	1.27	54.83	−42.98

续表

发电厂	雷暴日数 (天)	雷电密度 (次/(平方千米·年))	平均正闪强度 (千安)	平均负闪强度 (千安)
嵩屿	49	2.78	60.96	−38.49
石横	15	0.65	62.01	−32.81
莱城	22	1.16	73.20	−27.22
青岛	14	0.46	91.41	−60.54
姚孟	13	0.50	71.55	−33.34
宝泉蓄能	23	1.29	46.37	−24.82
隔河岩	28	1.58	62.50	−40.61
汉川	38	2.21	59.00	−40.85
白莲河蓄能	39	3.05	58.74	−36.07
石门	37	3.61	63.62	−41.59
湛江	75	3.91	50.06	−41.84
岩滩	65	3.38	51.62	−33.27
天生桥一级	63	3.26	59.18	−38.18
江油	19	1.96	68.25	−43.86
安顺	58	3.42	73.00	−52.09
黔北	50	1.44	77.85	−47.46
纳雍第一	75	4.47	69.86	−39.90
纳雍第二	73	4.94	69.60	−39.46
大方	61	1.33	67.44	−49.44
鸭溪	45	1.29	76.27	−53.29
黔西	53	1.67	72.92	−44.01
曲靖	73	2.82	72.90	−44.64
宣威	76	2.90	65.74	−46.53
宝鸡第二	6	0.33	74.10	−74.20
蒲城	9	0.36	54.72	−37.67
平凉	8	0.41	68.55	−38.09
大坝	9	0.42	73.63	−29.11
石嘴山第二	16	0.33	71.74	−56.95
沙角第一	80	9.82	38.85	−31.71
五强溪	39	3.51	53.46	−33.42
海勃湾	16	0.34	72.45	−56.28
锦州	27	1.99	56.85	−27.11
富拉尔基第二	24	0.60	77.10	−35.73
焦作	16	0.73	47.17	−29.36
海口	64	5.77	58.53	−39.85
刘家峡	6	0.28	90.18	−62.44
韶关	69	3.30	62.92	−47.00
乌江渡	43	1.55	80.00	−54.85
辽宁	32	1.27	56.18	−28.96
戚墅堰	23	3.59	43.79	−38.02
天生港	15	2.33	54.15	−46.46
夏港	19	3.39	41.13	−38.71
田家庵	22	1.03	64.14	−44.45
贵溪	66	8.62	43.78	−35.56
万家寨	34	1.41	59.19	−27.90
石洞口燃机	19	1.99	58.83	−43.16
深圳东部燃机	68	7.37	41.23	−31.95

续表

发电厂	雷暴日数（天）	雷电密度（次/(平方千米·年)）	平均正闪强度（千安）	平均负闪强度（千安）
前湾燃机	71	6.79	39.06	−34.13
惠州燃机	72	9.39	39.58	−31.12
淮北	14	0.53	94.05	−61.24
秦岭	9	0.50	57.16	−48.67
光照	75	5.20	59.23	−47.30
牡丹江第二	19	0.35	86.66	−51.95
丰满	39	0.62	106.86	−47.03
秦皇岛	24	0.69	67.63	−44.97
淮阴	13	0.94	60.13	−33.54
扬州	20	2.82	55.00	−38.20
新海	7	0.44	64.09	−52.38
胜利油田	12	0.73	51.01	−35.47
辛店	14	0.73	67.20	−35.46
鹤壁	18	0.81	59.50	−22.87
耒阳	59	3.24	64.12	−43.90
张河湾蓄能	26	3.52	53.90	−25.08
宜兴蓄能	25	3.90	45.35	−34.39
泰安蓄能	21	0.79	61.07	−33.02
三板溪	50	3.73	56.82	−57.49
郑州	13	0.91	51.10	−25.56
盘县	71	3.66	67.40	−43.98
马头	16	0.92	67.40	−33.79
龙口	12	0.36	85.94	−54.94
合山	59	4.34	38.93	−32.51
杨柳青	27	1.30	68.97	−31.15
洛阳	14	0.70	66.10	−28.73
张家港	19	2.32	56.05	−43.78
萧山	38	3.51	71.13	−43.40
来宾	59	4.65	42.73	−33.48
柘溪	48	3.42	64.38	−40.26
白马	37	3.12	59.79	−50.13
浑江	29	0.52	76.76	−45.80
丹江口	14	1.04	56.61	−36.52

四、西昌卫星发射中心年雷暴日、雷电密度分布及雷电强度值

西昌卫星发射中心地处我国西南崇山峻岭中，属雷暴高发地带，分析以西昌卫星发射中心为中心，以 100 千米为半径，统计该范围内的雷电活动特性。西昌卫星发射中心 2014 年雷电逐月分布如图 4.1 所示，该区域 3—10 月雷电活动比较频繁，并以负闪为主，8 月闪电数为 7 322次，为全年最高值。

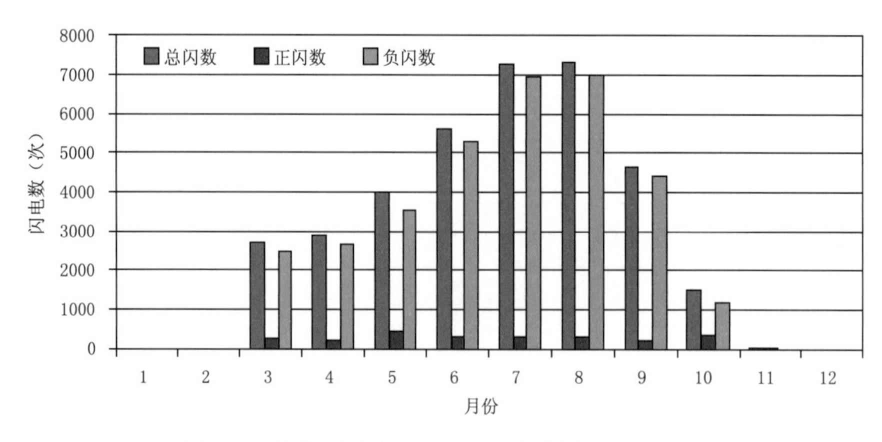

图 4.1　西昌卫星发射中心 2014 年雷电逐月分布图

五、太原卫星发射中心年雷暴日、雷电密度分布及雷电强度值

太原卫星发射中心地处我国北方黄土高原地区，分析以太原卫星发射中心为中心，以 100 千米为半径，统计该范围内的雷电活动特性。

太原卫星发射中心 2014 年雷电逐月分布如图 4.2 所示，雷电活动主要发生在 6—8 月，7—8 月闪电次数高于 2013 年同期的闪电数量，7 月闪电数高达 41 310 次，为全年最高值。

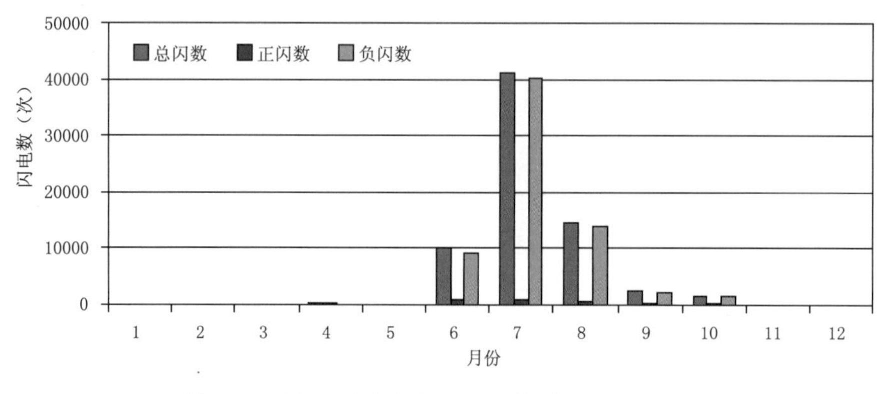

图 4.2　太原卫星发射中心 2014 年雷电逐月分布图

六、文昌卫星发射中心年雷暴日、雷电密度分布及雷电强度值

文昌卫星发射中心地处海南岛中部，周边地带属雷暴高发区，分析以文昌卫星发射中心为中心，以 100 千米为半径，统计该范围内的雷电活动特性。文昌卫星发射中心 2014 年雷电逐月分布如图 4.3 所示，4 月雷暴活动开始逐渐频繁，5—9 月为雷暴高发期，7 月闪电次数达全

年最高值，为 31 754 次。

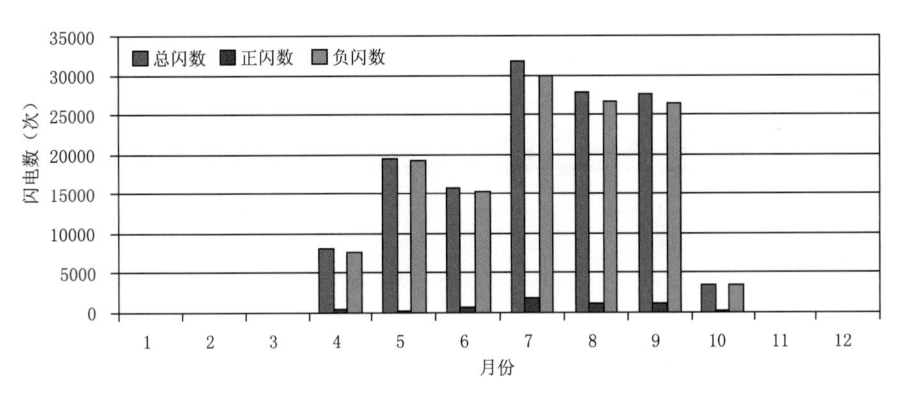

图 4.3　文昌卫星发射中心 2014 年雷电逐月分布图

第五部分

2014 年全国雷电信息专项服务

一、2014 年第一次雷电过程

从 2014 年 3 月 19 日开始，我国江苏、安徽、浙江、江西、福建、贵州和重庆等地区出现了 2014 年第一次大范围的雷电过程。2014 年 3 月 19 日 00—24 时全国雷电活动如图 5.1 所示。

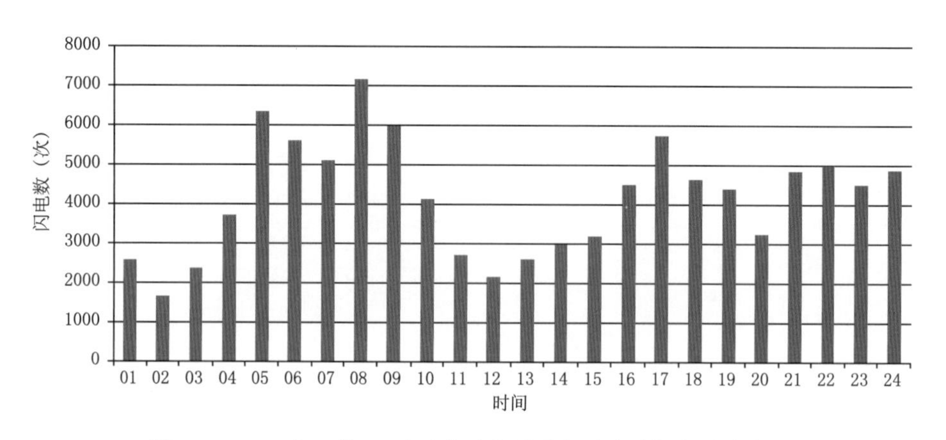

图 5.1　2014 年 3 月 19 日逐小时全国雷电活动时间序列分布图

2014 年 3 月 19 日，江苏、安徽、浙江、福建、贵州和重庆大部分地区发生了立春以来强雷电活动。3 月 19 日 00—24 时全国共发生雷电 100 096 次，正闪数为 3 410 次，负闪数为 96 686 次。雷电活动主要时间段为 04—10 时和 16—24 时，主要活动区为浙江省大部分地区、安徽省大部分地区、福建省北部地区、江西省北部地区、江苏省南部地区以及湖北、湖南、四川和河南部分地区，实时雷电活动分布如图 5.2 所示。

二、鲁甸地震灾区雷电多发成因分析

(1)鲁甸地震灾区地处云贵高原西北部及滇东北高原南部，是全国及云南省雷暴日数相对较多的地区(图 5.3)。根据国家雷电监测网 2008—2013 年观测资料统计分析，鲁甸地震灾区雷电活动具有雷暴日数多、雷电活动季节长、雷电密度大等特点。

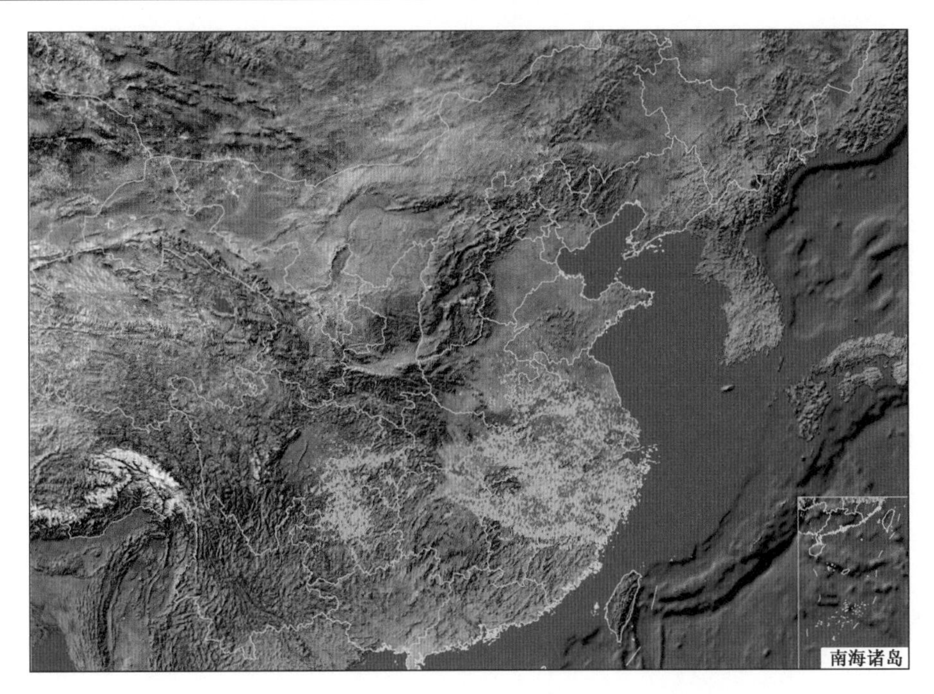

图5.2　国家雷电监测网实时雷电活动分布图
（红色表示正闪、橙色表示负闪）

雷暴日数多。2008—2013年昭通市一区十县的年均雷暴日数为41～102天，其中，鲁甸县、巧家县、昭阳区雷暴日数分别为73天、94天和88天，东部镇雄县雷暴日数最多达到102天（图5.4）。

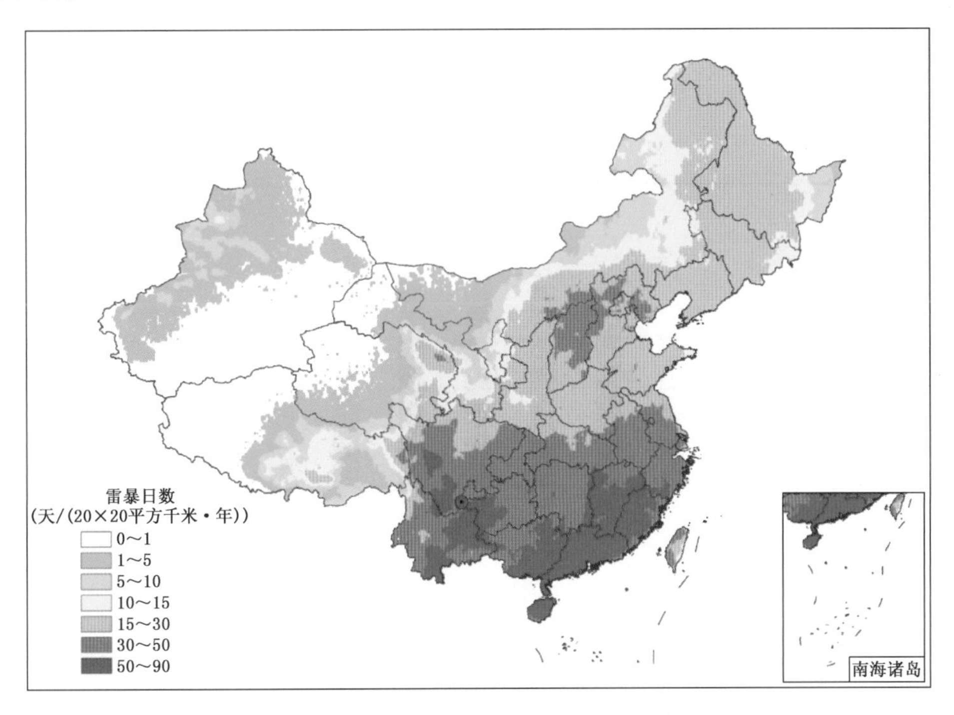

图5.3　2008—2013年全国雷暴日数分布图

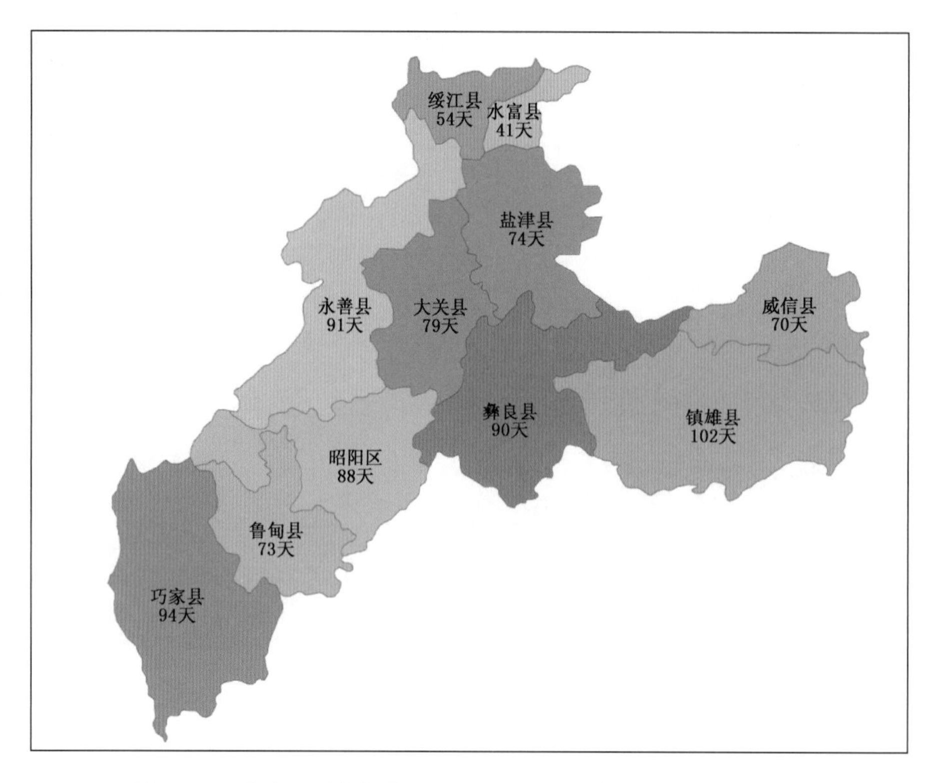

图 5.4　云南省昭通市各县(区)2008—2013 年年均雷暴日数分布图

雷电活动时间长。从 2008—2013 年全国雷电活动季节分布情况(图略)来看,全国大部地区雷电活动主要集中在 6—8 月,而昭通市除秋末和冬季(11 月至次年 2 月)雷暴日数较少外,其他各季雷暴日数明显较多。其中,4—9 月各月雷暴日数均超过 15 天,5—8 月各月雷暴日数在 20 天以上;7—8 月雷暴日数分别高达 27 天(图 5.5),雷暴日比例高达 35%。

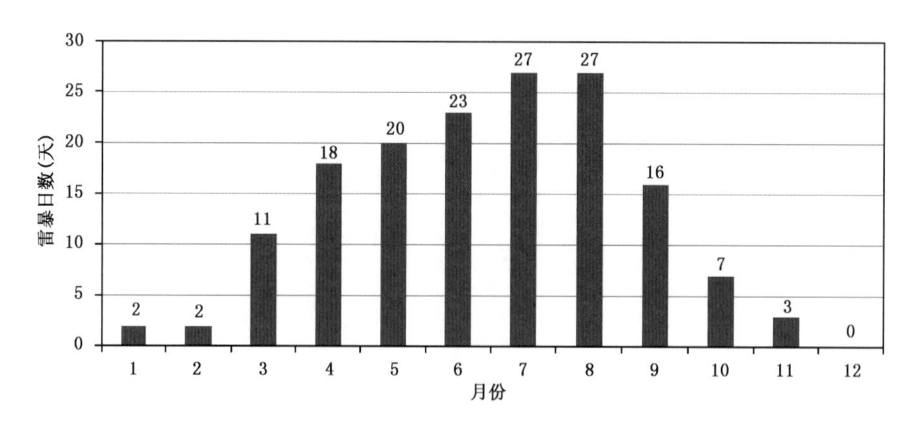

图 5.5　云南省昭通市 2008—2013 年逐月平均雷暴日数变化图

午后至夜间雷电活动多。根据 2008—2013 年雷电发生的时间统计分析,昭通市雷电发生时段集中在 13 时至次日 02 时。特别是雷暴日数较多的 7 月和 8 月,14 时至次日 01 时逐时雷电次数在1 000次以上，7月16—22时及8月15—20时的逐时雷电次数均在2 000次以上（图5.6）。

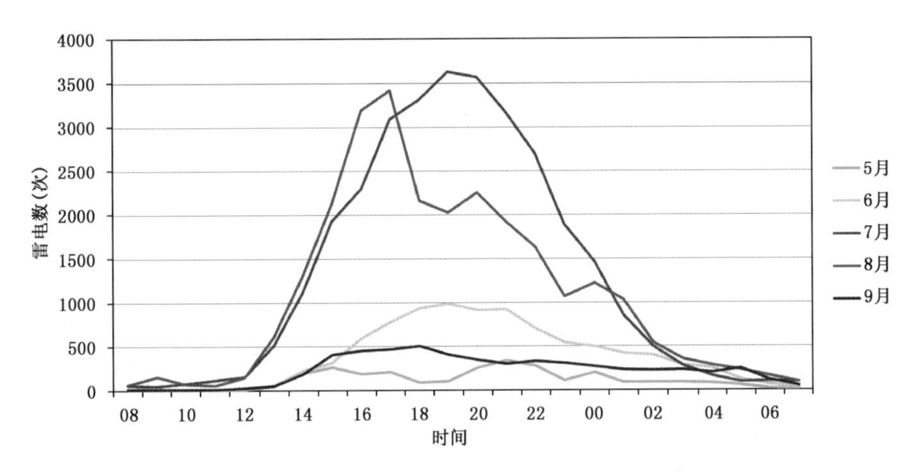

图5.6 云南省昭通市2008—2013年5—9月平均雷电次数日变化图

雷电活动密度大。昭通市位于我国西部雷电密度高值区的西部边缘，属于雷电高发区（图5.7），其中鲁甸地震灾区年平均雷电密度为1～3次/平方千米。2008—2013年昭通市东北部（盐津县、威信县、镇雄县及彝良县东北部）雷电密度为全市最高（图5.8）。

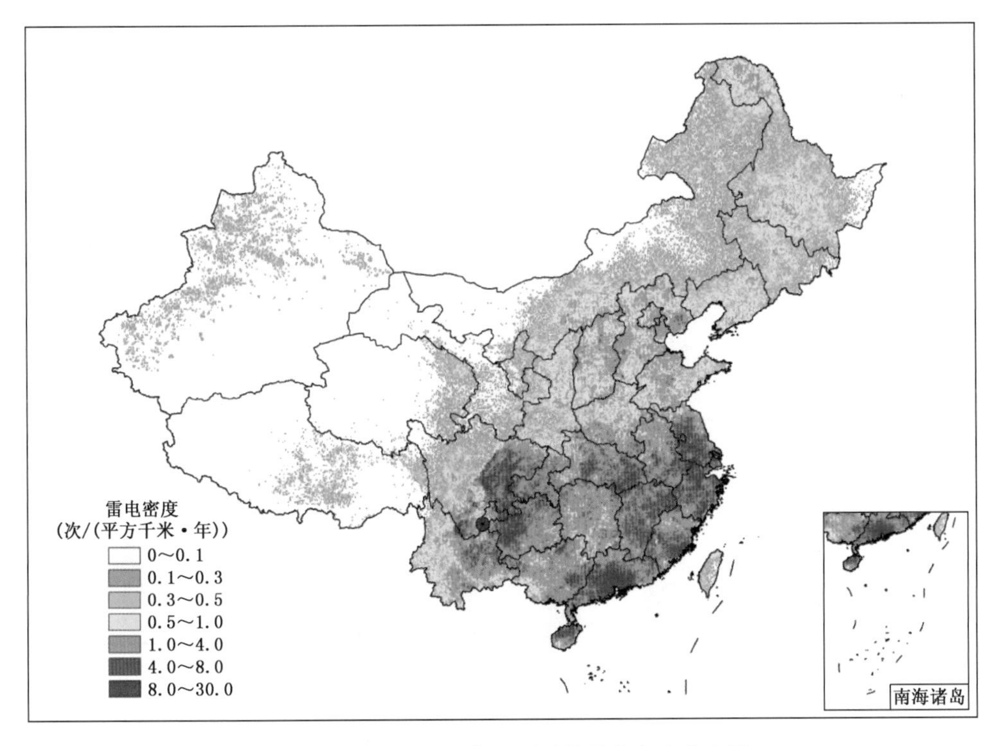

图5.7 2008—2013年全国平均雷电密度分布图

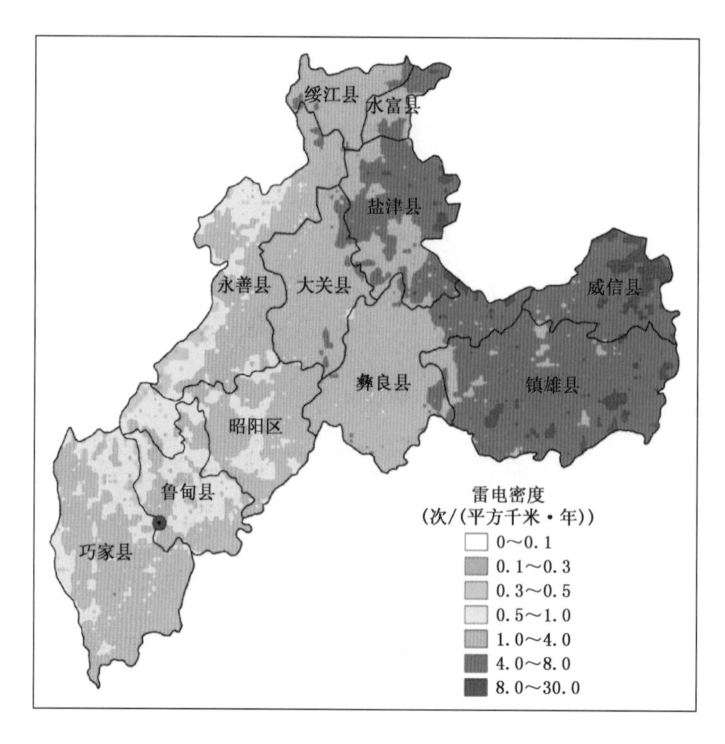

图 5.8　云南省昭通市 2008—2013 年平均雷电密度分布图

(2)自 3 月开始，昭通市频繁出现雷电活动。2014 年 7 月昭通市雷电累计活动次数达 15 056次(图 5.9)，比近 6 年同期偏少 52%。2014 年 8 月 1—13 日昭通市雷电活动次数达 11 129次，比近 6 年同期偏少 14%(图 5.10)。

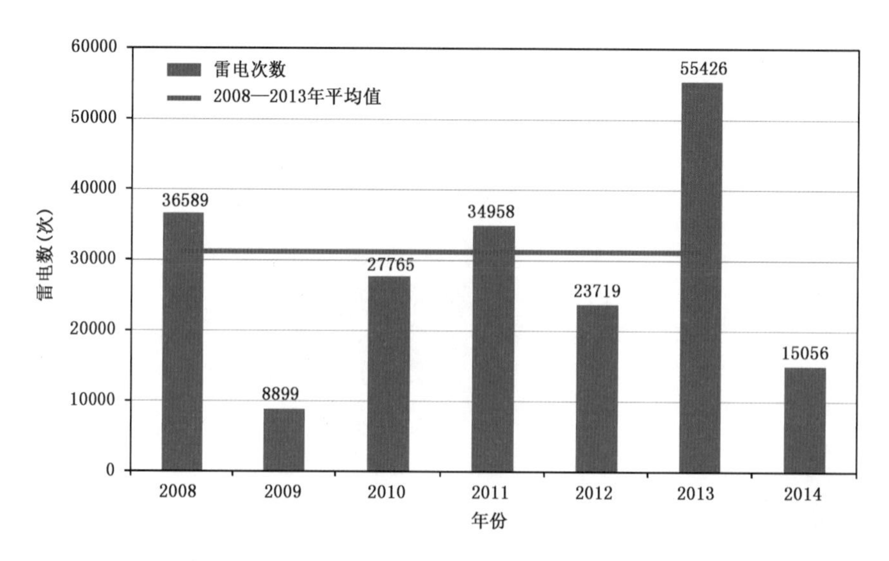

图 5.9　云南省昭通市 2014 年 7 月雷电次数与 2008—2013 年同期对比图

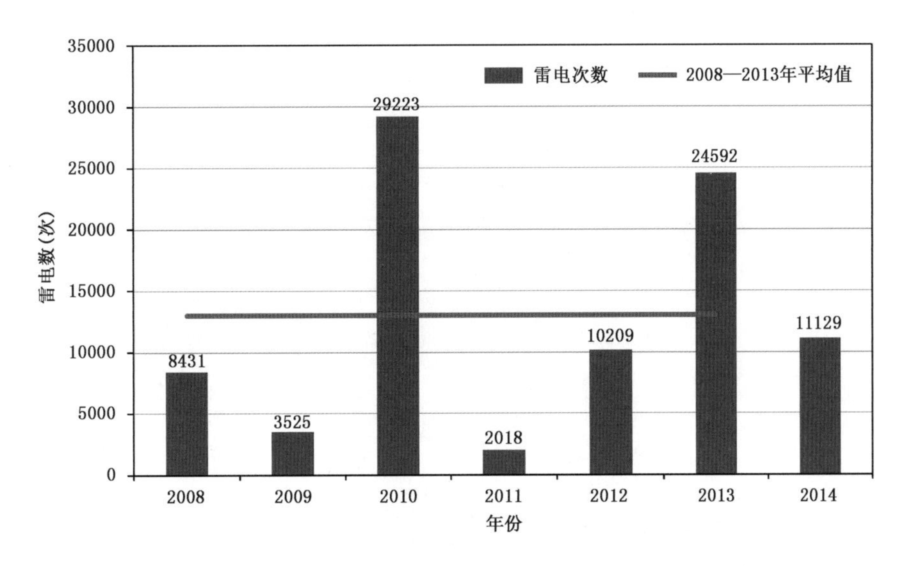

图 5.10 云南省昭通市 2014 年 8 月 1—13 日雷电次数与 2008—2013 年同期对比图

(3)气象条件和特殊的地形是造成地震灾区多雨多雷电活动的主要原因。

一是灾区地处四川盆地向云贵高原抬升的过渡地带,地势南高北低,是偏南暖湿气流和北方冷空气相互交汇的区域,冷暖气流频繁交汇和南北摆动带来强烈的上升运动和水汽凝结,导致鲁甸地震灾区多雷电和多雨。

二是受地形抬升和水汽供应充分的影响,气流的垂直上升运动比较活跃,云内对流旺盛,导致雷暴云团快速发展,易形成对流云降雨以及对流云与层状云相混合的降雨,从而在短时间内产生较强的降雨和密集的雷电活动。

三是山地潮湿多云导致夜间雷雨多。白天,云层能够减少云层与地面间空气热量的损失,也使得夜间云层以下温度不至于降得过低;夜间,云体的散热作用使云上部温度偏低,云层上部和云层以下间形成的温差使得大气趋于不稳定,偏暖湿的空气上升易形成夜间降雨。

三、京津冀地区夏季一次雷电过程

2014 年进入夏季,京津冀地区雷电活动频繁。根据国家雷电监测网监测数据显示,6 月份京津冀地区共监测到雷电 52 076 次,其中正闪 8 836 次,负闪 43 240 次,共有 25 天监测到雷电活动。图 5.11 为 2014 年 6 月京津冀地区雷电密度分布图。雷电密度最高区为唐山和秦皇岛地区,达 4.00 次/平方千米。6 月,京津冀地区雷电活动次数明显高于 5 月份。

图 5.12 为 2008—2014 年 6 月京津冀雷电逐时分布图。根据对 2008—2014 年 6 月京津冀地区雷电发生的时间统计分析,雷电发生时段集中在 15—20 时,其中最高在 17 时,雷电活动最为频繁,在 5 000 次以上,23 时雷电活动下降并趋于平缓。京津冀地区西侧是太行山脉,北侧是燕山山脉,地形条件相对闭塞,午后近地面热力条件好,热能积蓄至傍晚释放,形成空气对流,因此,雷电多发于傍晚到夜间。

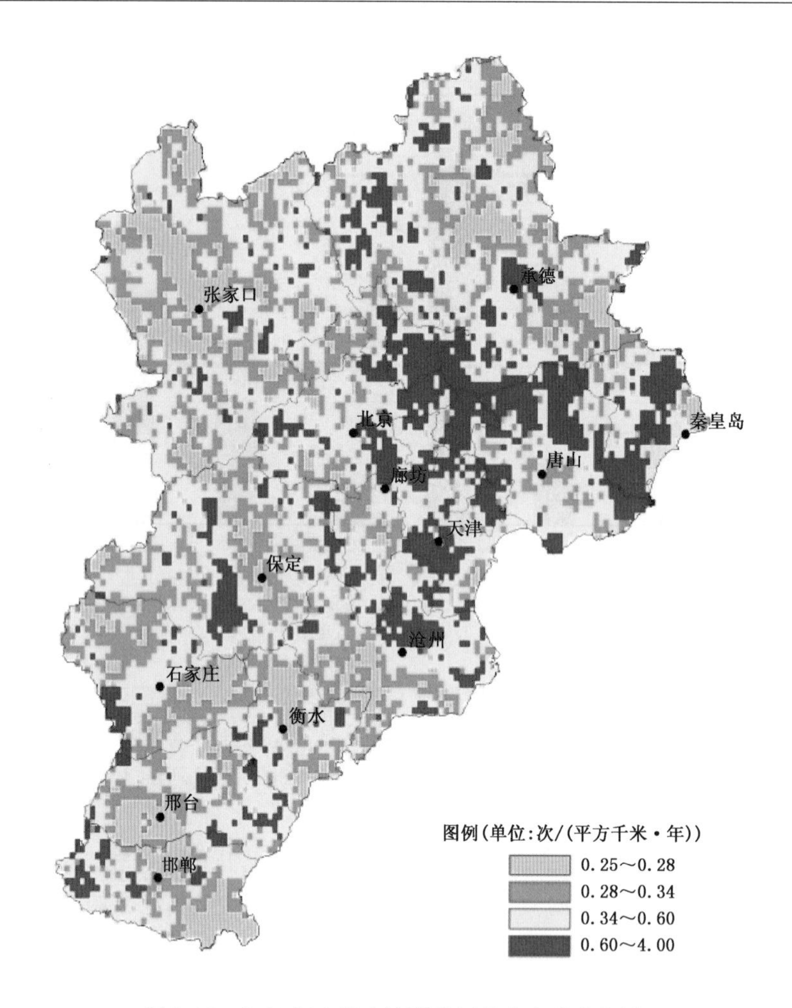

图 5.11　2014 年 6 月京津冀地区雷电密度分布图

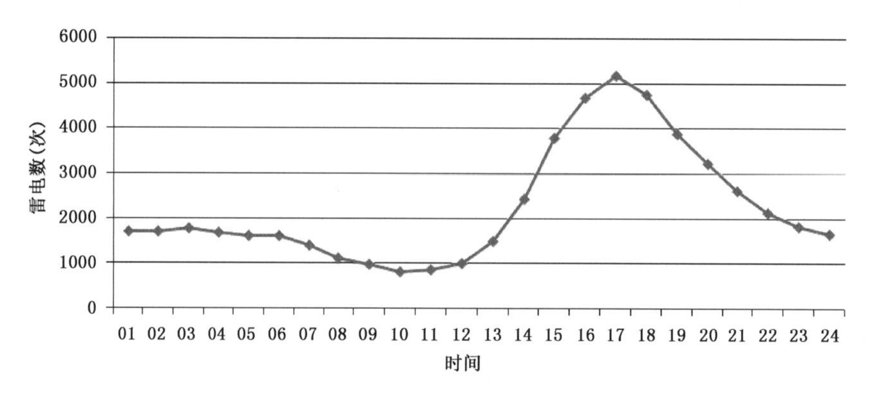

图 5.12　2008—2014 年 6 月京津冀雷电逐时分布图

按照《建筑物电子信息系统防雷技术规范(GB 50343—2012)》对雷电区划分的标准，年平均雷暴日在 20 天及以下的地区为少雷区，20～40 天的为多雷地区，40～60 天的为高雷区，60

天以上为强雷区。2008—2014 年 6 月京津冀地区雷暴日分布如图 5.13 所示，京津冀地区 6 月平均雷暴日数为 26.2 天，属于我国的多雷区。

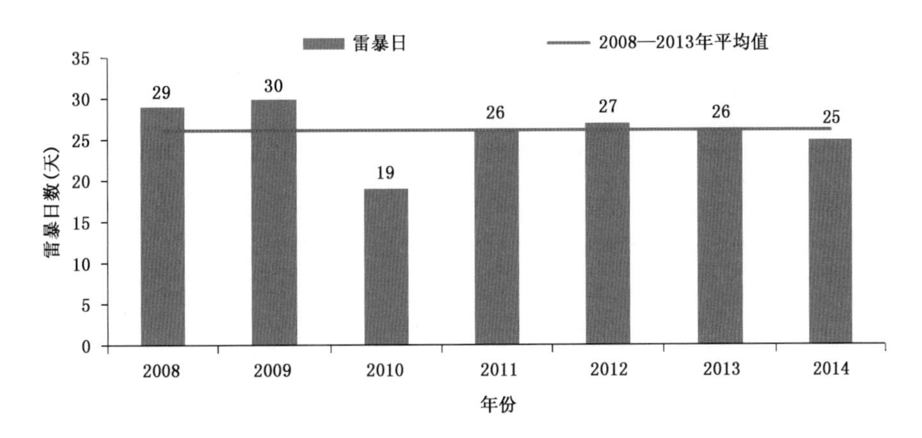

图 5.13　2008—2014 年 6 月京津冀地区雷暴日分布图

附录:国家雷电监测网运行情况统计

一、国家雷电监测网单个探测站运行情况

附表 1　2014 年中国气象局国家雷电监测网单个探测站运行率统计表

省(区、市)	站名	运行率(%)	站名	运行率(%)
北京	北京	98.18		
天津	天津	98.34		
河北	保定	98.50	赵县	95.62
	吴桥	97.50	乐亭	94.04
	丰宁	96.37	遵化	98.05
	围场	93.50	蔚县	95.69
	邯郸	96.15	张家口	89.74
	秦皇岛	95.01		
山西	长治	98.39	忻州	97.63
	吕梁	97.87	运城	80.31
	太原	98.42		
内蒙古	包头	95.06	新巴尔虎左旗	98.27
	达茂	98.00	扎兰屯	98.17
	阿鲁科尔沁	72.45	霍林郭勒	78.14
	东胜	98.30	集宁	44.78
	和林格尔	97.44	四子王	92.80
	博克图	80.12	苏尼特右旗	97.19
	陈巴尔虎旗	96.30	正蓝旗	98.45
	满洲里	94.96	阿尔山	97.90
	图里河	98.58	胡尔勒	82.08
	小二沟	97.88	突泉	94.41
辽宁	本溪	98.44	清原	78.02
	朝阳	98.54	阜新	60.32
	大连	98.61	法库	92.68
	东港	78.49	营口	97.10
	宽甸	84.88		
吉林	临江	20.56	桦甸	79.95
	长春	87.29	前郭	94.62
	舒兰	84.75	敦化	81.15
黑龙江	大庆	94.20	爱辉	82.71
	北极村	85.01	北安	97.43
	呼玛	97.82	鸡西	80.94
	呼中	97.69	汤原	98.45
	加格达奇	96.70	牡丹江	30.39
	漠河	87.42	齐齐哈尔	97.10
	塔河	90.64	绥化	92.95
	新林	98.11	嘉荫	98.49
	哈尔滨	91.58	伊春	97.72
	通河	97.99		

续表

省(区、市)	站名	运行率(%)	站名	运行率(%)
江苏	淮安	96.74	南通	98.49
	盱眙	98.23	徐州	98.34
	连云港	96.06	建湖	98.21
	南京	97.94	扬州	95.28
浙江	淳安	98.44	诸暨	36.41
	长兴	89.37	洪家	60.84
	平湖	88.59	平阳	95.46
	永康	93.10	定海	84.34
	龙泉	74.23	江山	97.51
	宁海	98.55		
安徽	安庆	90.10	黄山	96.06
	蚌埠	79.36	六安	97.53
	阜阳	97.51	宣城	95.57
	合肥	97.83		
福建	福州	95.57	福鼎	97.34
	平潭	98.27	德化	98.43
	龙岩	98.31	宁化	96.93
	南平	98.41	厦门	92.60
	武夷山	98.59		
江西	广昌	88.11	九江	91.32
	临川	96.57	修水	85.52
	赣县	90.72	南昌	89.88
	寻乌	97.52	上饶	83.29
	泰和	86.62	宜春	97.05
	景德镇	94.88	鹰潭	79.35
山东	河口	98.30	青岛	95.44
	章丘	97.18	威海	97.73
	兖州	93.70	寒亭	98.17
	蒙阴	97.49		
河南	林州	97.81	卫辉	97.45
	焦作	98.63	固始	96.62
	开封	98.13	信阳	95.09
	嵩县	94.82	登封	89.51
	内乡	98.62	西华	94.41
	宝丰	96.83	泌阳	98.55
	卢氏	93.26	正阳	98.60
	渑池	94.69	濮阳	90.84
	商丘	95.33		
湖北	巴东	98.66	十堰	97.77
	恩施	98.32	随州	98.45
	麻城	96.54	武汉	97.48
	荆门	97.23	咸宁	98.10
	荆州	98.40	襄阳	96.90
	神农架	97.69	宜昌	95.77
	天门	96.26		

续表

省(区、市)	站名	运行率(%)	站名	运行率(%)
湖南	常德	86.77	邵阳	74.16
	长沙	94.94	安化	95.19
	郴州	92.76	永州	80.10
	衡阳	91.46	岳阳	95.10
	怀化	92.84	张家界	91.76
广东	博罗	98.50	汕尾	77.86
	恩平	98.49	韶关	97.47
	电白	91.37	广宁	93.29
	梅州	74.97	珠海	93.77
	汕头	94.00		
广西	百色	98.53	贺州	98.32
	北海	95.96	柳州	97.40
	宁明	97.82	马山	95.94
	桂林	97.91	梧州	98.38
	贵港	98.51	玉林	97.32
	河池	98.10		
海南	海口	55.74	琼海	92.69
	三亚	72.44	琼中	75.10
	东方	81.12	永兴	66.82
重庆	沙坪坝	98.62	酉阳	62.06
	城口	98.60	云阳	79.51
	石柱	77.03		
四川	红原	97.64	九龙	97.07
	九寨沟	98.42	康定	98.21
	理县	96.97	理塘	93.66
	马尔康	98.64	广元	97.87
	壤塘	93.91	会理	97.14
	小金	93.42	越西	96.49
	温江	95.46	绵阳	97.28
	达州	98.55	南部	96.42
	巴塘	87.98	遂宁	97.41
	白玉	96.16	雅安	98.06
	道孚	91.25	自贡	97.21
	甘孜	93.63		
贵州	安顺	95.51	望谟	93.06
	毕节	90.74	兴义	98.45
	息烽	78.52	思南	96.49
	从江	98.55	赤水	98.03
	凯里	77.13	道真	78.68
	黎平	93.60	桐梓	96.45
云南	施甸	97.06	耿马	91.11
	双柏	98.35	泸水	81.94
	元谋	98.63	江城	98.65
	大理	92.99	景谷	98.54
	瑞丽	98.33	孟连	98.27
	香格里拉	97.33	广南	98.24
	金平	97.80	文山	97.35

续表

省(区、市)	站名	运行率(%)	站名	运行率(%)
云南	泸西	98.19	景洪	86.68
	东川	92.67	玉溪	98.60
	昆明	97.48	元江	98.27
	丽江	98.51	昭通	97.91
西藏	昌都	96.50	那曲	72.94
	洛隆	76.14	申扎	92.61
	左贡	94.23	索县	87.03
	拉萨	84.68	定日	86.76
	察隅	73.48	帕里	83.17
	林芝	93.05	日喀则	70.71
	安多	83.89	错那	96.10
	班戈	90.48	浪卡子	96.32
	嘉黎	59.48	泽当	93.78
陕西	安康	97.80	西安	97.02
	宝鸡	98.67	吴旗	98.33
	汉中	97.24	延安	95.92
	商南	98.51	神木	97.24
	宜君	98.26	绥德	97.20
	大荔	98.65		
甘肃	酒泉	98.60	天水	71.65
	马鬃山	95.37	肃南	96.80
	玉门	79.71	张掖	85.82
青海	达日	98.44	民和	75.22
	果洛	96.38	共和	37.79
	久治	98.38	兴海	29.01
	刚察	92.62	河南	56.43
	门源	98.21	西宁	98.65
宁夏	固原	98.56	银川	98.61
	同心	98.69	中卫	97.19
	盐池	98.13		
新疆	阿拉尔	98.49	哈密	96.92
	拜城	97.99	红柳河	85.76
	库车	95.52	十三间房	87.10
	塔中	96.79	伊吾	93.28
	乌什	97.29	策勒	96.41
	阿勒泰	96.43	民丰	98.58
	巴仑台	96.59	皮山	98.49
	福海	88.58	巴楚	96.93
	富蕴	97.11	莎车	98.23
	哈巴河	98.49	塔什库尔干	84.10
	巴音布鲁克	97.69	阿图什	97.95
	且末	96.40	乌恰	98.38
	若羌	98.66	和布克赛尔	88.42
	铁干里克	96.74	托里	91.76
	尉犁	96.76	乌苏	98.65
	精河	97.57	托克逊	95.17

续表

省(区、市)	站名	运行率(%)	站名	运行率(%)
新疆	温泉	97.41	鄯善县	96.99
	北塔山	96.20	米泉	91.80
	奇台	98.52	特克斯	94.68
	巴里坤	86.02	莫索湾	96.93

注:上海无统计资料。

二、国家雷电监测网各省(区、市)探测站运行情况

附表2　2014年国家雷电监测网各省(区、市)运行率统计表

省(区、市)	总运行率(%)	运行率<60%站数	运行率60%~80%站数	运行率>80%站数	总站数
北京	98.18	0	0	1	1
天津	98.34	0	0	1	1
河北	95.47	0	0	11	11
山西	94.52	0	0	5	5
内蒙古	90.56	1	2	17	20
辽宁	87.45	0	3	6	9
吉林	74.72	1	1	4	6
黑龙江	90.18	1	0	18	19
江苏	97.41	0	0	8	8
浙江	83.35	1	2	8	11
安徽	93.43	0	1	6	7
福建	97.16	0	0	9	9
江西	90.07	0	1	11	12
山东	96.86	0	0	7	7
河南	95.83	0	0	17	17
湖北	97.51	0	0	13	13
湖南	89.51	0	1	9	10
广东	91.08	0	2	7	9
广西	97.65	0	0	11	11
海南	73.98	1	3	2	6
重庆	83.17	0	3	2	5
四川	96.04	0	0	23	23
贵州	91.27	0	3	9	12
云南	96.04	0	0	22	22
西藏	85.08	1	4	13	18
陕西	97.71	0	0	11	11
甘肃	87.99	0	2	4	6
青海	78.11	3	1	6	10
宁夏	98.24	0	0	5	5
新疆	95.30	0	0	40	40
合计	91.99	9	29	306	344

注:上海无统计资料。